"十四五"职业教育国家规划教材

传感器电路制作与调试
项目教程（第3版）

主　编◎王　迪　吕国策

副主编◎林卓彬　宫丽男　苗　壮　徐志成

参　编◎关　越　裴　蓓　袁健男　苗劲松　程志义

主　审◎隋秀梅

電子工業出版社·

Publishing House of Electronics Industry

北京·BEIJING

内 容 简 介

本书是职业院校工科类教材，共分两篇。第一篇以培养学生实践动手能力为主线，主要介绍各种传感器的类型及应用，共包含 22 个项目，每个项目的知识点均随着实际工作的需要引入，项目内容包括"任务引入""原理分析""任务实施"环节。本书还提供电路原理图、元器件清单、元器件实物照片、电路制作技巧及电路制作注意事项等内容，每章均配有启发性的思考题及相应的阅读材料。第二篇在第一篇内容的基础上介绍传感器的典型应用案例，其目的是巩固知识，开阔读者的视野。

本书是吉林省省级精品在线开放课程"传感器与自动检测"的配套教材，全书配备了丰富的教学资源（教学指南、电子课件、习题答案等），并为每章配有微课视频，以便读者自学。本书适用于职业院校学生学习使用，也可作为传感器技术爱好者的自学参考用书。

未经许可，不得以任何方式复制或抄袭本书之部分或全部内容。

版权所有，侵权必究。

图书在版编目（CIP）数据

传感器电路制作与调试项目教程 / 王迪，吕国策主编. —3 版. —北京：电子工业出版社，2021.12

ISBN 978-7-121-38043-3

Ⅰ. ①传… Ⅱ. ①王… ②吕… Ⅲ. ①传感器—电子电路—制作—职业教育—教材 ②传感器—电子电路—调试方法—职业教育—教材 Ⅳ. ①TP212

中国版本图书馆 CIP 数据核字（2021）第 258733 号

责任编辑：蒲　玥
印　　刷：涿州市般润文化传播有限公司
装　　订：涿州市般润文化传播有限公司
出版发行：电子工业出版社
　　　　　北京市海淀区万寿路 173 信箱　邮编　100036
开　　本：787×1 092　1/16　印张：13.5　字数：409 千字
版　　次：2011 年 8 月第 1 版
　　　　　2021 年 12 月第 3 版
印　　次：2025 年 1 月第 8 次印刷
定　　价：38.00 元（含工作页）

凡所购买电子工业出版社图书有缺损问题，请向购买书店调换。若书店售缺，请与本社发行部联系，联系及邮购电话：（010）88254888，88258888。

质量投诉请发邮件至 zlts@phei.com.cn，盗版侵权举报请发邮件至 dbqq@phei.com.cn。

本书咨询联系方式：（010）88254485，puyue@phei.com.cn。

致 同 学

本书将带你走进一个传感器的世界。

传感器作为现代科技的前沿技术，被认为是现代信息技术的三大支柱之一，也是国内外公认的最具发展前途的高技术产业。传感器与传感器技术的发展水平是衡量一个国家综合实力的重要标志。许多发达国家都在大力研发新型传感器。我国在这方面也不甘落后，尤其是近几年，我国在智能传感器技术方面的发展突飞猛进，特别是传感器与集成电路的融合发展成为我国传感器制造的趋势后，国产传感器在各个领域中的应用显得尤为突出，这也打破了国外传感器对我国垄断的局面。根据统计，2016—2020 年，全球传感器市场复合增长率仅为 11%，而我国传感器产业平均复合增长率达到了30%，这向全世界发出了信号——中国人完全可以自主研发、自行生产传感器。在这样的背景下，同学们应该努力学习，提升自身的技能，争取在不久的将来成为攻克国家尖端科技的骨干力量。

同学们，我们身处这样一个经济、科技蓬勃发展的时期，我们的祖辈从荒芜中打下基石，我们的父辈用他们的智慧和勤劳为我们开创了今日的盛世，让我们沿着他们的足迹，用努力和汗水谱写属于自己的篇章！

编 者

修 订 说 明

在中国共产党第二十次全国代表大会的报告中，对职业教育发展提出新的部署要求。对于"实施科教兴国战略，强化现代化建设人才支撑"进行了详细丰富、深刻完整的论述，其中有许多创新的提法。报告中指出：教育、科技、人才是全面建设社会主义现代化国家的基础性、战略性支撑。必须坚持科技是第一生产力、人才是第一资源、创新是第一动力，深入实施科教兴国战略、人才强国战略、创新驱动发展战略，开辟发展新领域新赛道，不断塑造发展新动能新优势。要把技能人才作为第一资源来对待，特别是要将高技能人才纳入高层次人才进行统一部署。

在"二十大"会议精神的引领下，结合职业教育的特点，我们修订了本书的相关内容。将教材中涉及传感器原理、特性、种类等内容都适当的进行了知识层次的调整和延伸，并结合现代科技中所使用的传感器技术，将科技前沿的应用案例引入到教材中，满足学生探索、求知、创新的需求，为学生在相关技术领域的可持续发展奠定基础。同时，在本书的修订过程中，我们深入企业一线调研，与相关技术人员进行交流、探讨，将化工、智慧农业、智能家居等领域的传感技术，引入到相关章节中，并与企业技术人员共同合作，编写了一本工作手册。学生以理论知识为基础，在工作手册的引导下，通过读、写、练等过程，深入了解传感器技术在相关领域中的重要作用。为了有效激发学生的创新意识，我们在教材中设计了一系列开放性思考题，学生可充分发挥聪明才智并结合网络资源，完成答题。本次修订已将所有阅读材料进行更新和替换，将新技术、新应用、新思想融入教材，开阔了学生的视野、提升了教材的可读性和趣味性。

作为从事职业教育多年的教师，我们看到了党和国家对职业教育的重视，也深刻认识到自身的责任，我们愿尽绵薄之力为祖国培养出素质优良的技能型人才。希望本书能够帮助诸多学子解答心中疑惑、助力科技创新，培养出走技能成才、技能报国之路的优秀青年！

编 者

前 言

　　职业教育是为了培养高素质技术技能人才，使受教育者具备从事某种职业或者实现职业发展所需要的职业道德、科学文化与专业知识、技术技能等职业综合素质和行动能力而实施的教育。基于职业教育的特定性，其教材必须有自己的体系和特色。"传感器与自动检测"是工科类职业院校应用电子技术、电子信息工程、嵌入式、物联网、电气自动化技术、机电一体化技术、城市轨道交通车辆等专业的一门必修专业课程。本书打破学科体系对知识内容的固化，以能力培养为主线，依据技术领域和职业岗位（群）的任职要求，对原有的课程内容进行重构和优化。本书依据课程教学目标，将"电子技术""传感器技术""电子电气 CAD"和"电子技能实训"综合在一起，根据传感器的种类及应用将教材分为两篇，其中第一篇包含 9 章，对应 22 个项目，第二篇包含 5 章，内容涵盖各种常见传感器及其应用领域的相关知识。每个项目以实例为引，采用"任务引入—原理分析—任务实施"的工作流程，以此增强学生在校学习与实际工作的一致性，凸现课程的职业特色。

　　本书特点如下。

　　1. 以传感器为中心设计电路，力求以较少的元器件数目、简单的电路设计，实现传感器的功能。

　　2. 本书所有项目均配有教学指南、电子课件、习题答案、Protel 文件及项目演示视频，请有需要的读者登录华信教育资源网（www.hxedu.com.cn）免费注册下载。

　　3. 本书选取的项目具有很强的扩展性，读者在原有电路的基础上进行功能扩展之后就能实现其他应用。

　　4. 本书在第 2 版的基础上实现了教材的立体化，本书提供丰富的微课视频以便读者自学。

　　本书由长春职业技术学院王迪、吕国策任主编，由长春职业技术学院林卓彬、宫丽男、徐志成和长春市轨道交通集团有限公司苗壮任副主编，由长春职业技术学院关越、裴蓓、袁健男，长春市农业科学院苗劲松，中车长客股份有限公司程志义参编。其中，第一篇的绪论、第一章、第八章、第九章、第二篇的第四章、工作手册中的工作页一、工作页五由王迪编写；第一篇的第二章、第五章，第二篇的第一章、第二章、工作手册中工作页二、工作页六由吕国策编写；第一篇的第三章由宫丽男编写；第一篇的第六章，第二篇的第五章、工作手册中的工作页三、工作页四由林卓彬编写；第一篇的第七章由关越编写；第二篇的第三章由徐志成编写；第一篇第四章由袁健男编写。全书电路由徐志成制作，裴蓓、苗壮制作了教学资源及素材，苗劲松、程志义提供了相关案例。全书由王迪统稿，由长春职业技术学院隋秀梅主审。

本书在编写过程中，得到了编者所在单位各部门工作人员的大力协助，在此一并表示感谢。由于编者水平有限，疏漏之处在所难免，请广大读者批评指正。

编　者
2021 年 6 月

目 录

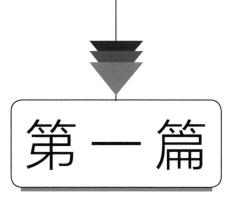

第一篇

绪论　传感器的应用

传感器技术是信息技术的三大支柱之一，广泛应用在工业自动化、能源、交通、灾害预测、安全防卫、环境保护、医疗卫生等方面，具有举足轻重的作用。人类的日常生活中

也离不开传感器，可以说现代生活中传感器是无处不在，无时不有的。如果将自动控制设备的功能与人体相比较，则传感器就相当于人的眼、耳、鼻等感觉器官，生活中如果感觉器官不灵敏，人就不会得心应手地行动；同样，对于自动控制系统，如果不能准确地检测被控量，则不能进行有效的控制。因此，传感器是自动控制系统的重要组成部分。

传感器是将各种输入物理量（非电量）转变为电量的器件或机构，是获取电信号的关键部件。某些传感器不仅能够转换物理量，同时还具有摄取、传输和识别的功能。

绪论

一、什么是传感器

人们为了从外界获取信息，必须借助于感觉器官。人的感官——眼、耳、鼻、舌、皮肤分别具有视、听、嗅、味、触觉功能，人的大脑通过感官就能感知外部信息。人的行动受大脑支配，而大脑发出各种行动指令的依据，则是人的感官。没有感官的帮助，高度发达的大脑将毫无用武之地。现代信息技术包括计算机技术、通信技术和传感器技术。计算机相当于人的大脑，通信相当于人的神经，而传感器相当于人的感官。计算机发出各种指令的依据是对各被控制量的测量结果，而对被控制量的测量一般是由传感器来完成的。传感器既可以感受指定的被测量，并将其按照一定的规律转换成可用输出信号的器件或装置；也可以将传感器理解成一感二传，即感受被测信息并传送出去。

二、传感器的作用

传感器的应用越来越广泛，如家用电冰箱是用温控器来控制压缩机的开关而达到温度控制的目的的。如果温控器中的温度传感器损坏，电冰箱就无法正常工作了。

再如手机，这个我们生活中已经离不开的电子产品，其包含多个种类、数量的传感器。手机里的重力加速度传感器可以旋转屏幕；光敏传感器可以检测手机是否贴近人体，黑屏省电；CCD 传感器应用在照相机；GPS 传感器应用在导航、定位；磁传感器可以指方向。除此之外，还有声音、温度等传感器。手机里的这些传感器强大了手机的功能，方便了我们的生活。

再来看热成像技术在体温测量方面的应用。新型冠状病毒肺炎疫情期间，各个公共场

所如火车站、飞机场，应用热成像技术来检测体温（图 0-1），增加了测量结果准确性的同时保证了测量人员和被测者的距离，保障了测量人员的安全。

平衡车（图 0-2）是许多年轻人的最爱，可以用车随身动来形容平衡车的动态平衡原理。实际上平衡车的动态平衡原理是当倾斜身体时，陀螺仪及加速度传感器会输出相应的姿态信息，控制器感知后给电机信号，电机动作朝相应方向旋转。

图 0-1　热成像技术检测体温

图 0-2　平衡车

最后再来说一说红外生命探测仪（图 0-3）。在地震发生后，救援时间往往是最重要的，如何在短时间内找到生命体征？救援人员应用红外生命探测仪，利用了红外夜视技术结合视频显示提供给看不到的物体影像，完成搜救。除这种探测仪外，还有微震生命探测仪（图 0-4），它的测试对象主要是货车。当大型货车在运输过程中需要对车厢内进行检测时，如果每辆车都开门检查的话工作量非常大，因此，采用微震生命探测仪就可以在不开门、不卸货的情况下进行检查，节省了时间、人力。

图 0-3　红外生命探测仪

图 0-4　微震生命探测仪

目前，传感器已应用到诸如工业生产、宇宙开发、海洋探测、环境保护、资源调查、医学诊断、生物工程和文物保护等极其广泛的领域。总之，从茫茫的太空到浩瀚的海洋，以及各种复杂的工程系统，几乎每一个现代化项目，都离不开各种各样的传感器。由此可见，传感器技术在发展经济、推动社会进步方面具有十分重要的作用。

三、传感器的分类

传感器的种类繁多、原理各异，检测对象几乎涉及各种参数，通常一种传感器可以检测多种参数，一种参数又可以用多种传感器测量。所以传感器的分类方法至今尚无统

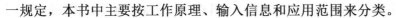

一规定，本书中主要按工作原理、输入信息和应用范围来分类。

1. 按工作原理分类

传感器按工作原理大体上可分为物理型、化学型及生物型三大类。

物理型传感器是利用某些变换元件的物理性质及某些功能材料的特殊物理性能制成的传感器，可以分为物性型传感器和结构型传感器。

物性型传感器是利用某些功能材料本身所具有的内在特性及效应将被测量直接转换为电量的传感器。结构型传感器是以结构（如形状、尺寸等）为基础，在待测量作用下，其结构发生变化，利用某些物理规律，获得比例于待测非电量的电信号输出的传感器。

化学型传感器是利用敏感材料与物质间的电化学反应原理，把无机和有机化学成分、浓度等转换成电信号的传感器，如气体传感器、湿度传感器和离子传感器等。

生物型传感器是利用材料的生物效应构成的传感器，如酶传感器、微生物传感器、生理量（如血液成分、血压、心音、血蛋白、激素、筋肉强力等）传感器、组织传感器、免疫传感器等。

2. 按输入信息分类

传感器按输入量分类有位移传感器、速度传感器、加速度传感器、温度传感器、压力传感器、力传感器、色传感器、磁传感器等，以输入量（被测量）命名。这种分类对传感器的应用很方便。

3. 按应用范围分类

根据传感器的应用范围不同，通常可分为工业用、农业用、民用、科研用、医用、军用、环保用和家电用传感器等。若按具体使用场合，还可分为汽车用、舰船用、飞机用、宇宙飞船用、防灾用传感器等。如果根据使用目的的不同，又可分为计测用、监视用、检查用、诊断用、控制用和分析用传感器等。

四、传感器的选用

现代传感器在原理与结构上千差万别，如何根据具体的测量目的、测量对象及测量环境合理地选用传感器，是在进行某个量的测量时首先要解决的问题。当传感器确定之后，与之相配套的测量方法和测量设备也就可以确定了。测量结果的成败，在很大程度上取决于传感器的选用是否合理。

1. 根据测量对象与测量环境确定传感器的类型

要进行一项具体的测量工作，首先要考虑采用何种原理的传感器，这需要分析多方面的因素之后才能确定。即使是测量同一物理量，也有多种原理的传感器可供选用，哪一种原理的传感器更为合适，则需要根据被测量的特点和传感器的使用条件考虑以下一些具体问题：量程的大小；被测位置对传感器体积的要求；测量方式是接触式还是非接触式；信号的引出方法是有线还是无线；传感器的来源是国产或是进口，价格能否承受，还是自行研制。

在考虑上述问题之后就能确定选用何种类型的传感器，然后考虑传感器的具体性能指标。

2. 灵敏度的选择

通常，在传感器的线性范围内，希望传感器的灵敏度越高越好。因为只有灵敏度高时，与被测量变化对应的输出信号的值才比较大，有利于信号处理。但要注意的是，传感器的灵敏度高，与被测量无关的外界噪声也容易混入，也会被放大系统放大，影响测量精度。因此，要求传感器本身应具有较高的信噪比，尽量减少从外界引入的干扰信号。

传感器的灵敏度是有方向性的。当被测量是单向量，而且对其方向性要求较高时，则应选择其他方向灵敏度小的传感器；如果被测量是多维向量，则要求传感器的交叉灵敏度越小越好。

3. 频率响应特性

传感器的频率响应特性决定了被测量的频率范围，必须在允许频率范围内保持不失真的测量条件，实际上传感器的响应总有一定延迟。

传感器的频率响应高，可测的信号频率范围就宽，而由于受到结构特性的影响，机械系统的惯性较大，因而频率低的传感器可测信号的频率较低。

在动态测量中，应根据信号的特点（稳态、瞬态、随机等）选择响应特性，以免产生过大的误差。

4. 线性范围

传感器的线性范围是指输出与输入成正比的范围。理论上讲，在此范围内，灵敏度保持定值。传感器的线性范围越宽，则其量程越大，并且能保证一定的测量精度。在选择传感器时，当传感器的种类确定以后首先要看其量程是否满足要求。

但实际上，任何传感器都不能保证绝对的线性，其线性度也是相对的。当要求的测量精度比较低时，在一定的范围内，可将非线性误差较小的传感器近似看作线性的，这会给测量带来极大的方便。

5. 稳定性

传感器使用一段时间后，其性能保持不变化的能力称为稳定性。影响传感器长期稳定性的因素除传感器本身结构外，主要是传感器的使用环境。因此，要使传感器具有良好的稳定性，传感器必须要有较强的环境适应能力。

在选择传感器之前，应对其使用环境进行调查，并根据具体的使用环境选择合适的传感器，或采取适当的措施，减少环境的影响。

传感器的稳定性有定量指标，在超过使用期后，在使用前应重新进行标定，以确定传感器的性能是否发生变化。

在某些要求传感器能长期使用而又不能轻易更换或标定的场合，所选用传感器的稳定性要求更严格，要能够经受住长时间的考验。

6. 精度

精度是传感器的一个重要的性能指标，它关系到整个测量系统的测量精度。传感器的精度越高，其价格越昂贵。因此，传感器的精度只要满足整个测量系统的精度要求就可以，不必选得过高，这样就可以在满足同一测量目的的诸多传感器中选择比较便宜和简单的传感器。

如果测量目的是定性分析，选用重复精度高的传感器即可，不宜选用绝对量值精度高的；如果是为了定量分析，必须获得精确的测量值，就需选用精度等级能满足要求的传感器。对某些特殊使用场合，无法选到合适的传感器，则需自行设计制造传感器。自制传感器的性能应满足使用要求。

五、传感器的保养与维修

1. 传感器的使用保养

传感器的种类很多，使用范围也很广，使用前应注意仔细阅读说明书及相关资料。传感器的使用注意事项主要有以下几点。

（1）精度较高的传感器都需要定期校准，一般每3～6个月校准一次。

（2）传感器通过插头与供电电源和仪表连接时，应注意引线不能接错。

（3）各种传感器都有一定的过载能力，但使用时应尽量不要超过量程。

（4）在搬运和使用过程中，注意不要损坏传感器的探头。

（5）传感器不使用时，应存放在温度为10～35℃、相对湿度不大于85%、无酸、无碱、无腐蚀性气体的室内。

例如，打印机中的光电传感器被污染，会导致打印机检测失灵，手动送纸传感器被污染后，打印机控制系统检测不到有、无纸张的信号，手动送纸功能便失效。因此，遇到这样的情况，我们应当仔细阅读说明书和使用注意事项，应用脱脂棉把相关的各传感器表面擦拭干净，使它们保持洁净，始终具备传感灵敏度。

2. 传感器的维修

传感器故障分析与维修是一线操作和维护人员经常遇到的问题，以下是一些常用的处理方法。

（1）调查法。

调查法是通过对故障现象和它产生发展过程的调查了解，分析判断故障原因的方法。

（2）直观检查法。

直观检查法是不用任何测试仪器，通过人的眼、耳、鼻、手去观察发现故障的方法。直观检查法分外观检查和开机检查两种。

（3）替换法。

替换法是通过更换传感器件或线路板以确定故障在某一部位的方法。用规格相同、性能良好的元器件替下怀疑故障的元器件，然后通电试验，如故障消失，则可确定该元器件是故障所在。若故障依然存在，可对另一被怀疑的元器件或线路板进行相同的替代试验，直到确定故障部位。

在传感器出现不可修复的故障时，坚持以"替换"为修理方法。当手头没有相同型号的传感器可供替换时，就进行相关参数的调整。调整后的系统需调试合格后才能运行。

说到传感器就不能不提测量的相关概念。检测与转换技术是自动检测技术和自动转换技术的总称，它是以研究自动检测系统中的信息提取、信息转换，以及信息处理的理论和技术为主要内容的一门应用技术。本书将在第一章介绍有关测量的基础知识。

六、传感器的发展趋势

1. 开发新材料、新工艺的新型传感器

随着科技的发展，智能化的产品越来越多，而越智能化的产品需要的传感器种类、数量也越多。因此传感器未来的发展首要的是开发新材料、新工艺的新型传感器以满足市场的需求。

2. 开发数字化、集成化、微型化的传感器

智能化的电子产品不仅功能越来越强，体积也越来越小，这就需要研发者采用多种技术（如 MEMS、纳米技术、IC 技术等）开发出数字化、集成化、微型化的传感器。

3. 开发可以实现智能网络化的传感器

当今社会的发展离不开智能化、网络化，新型的传感器采用人工智能与信息融合技术提高智能化，采用网络和传感器技术结合开发出智能网络化的新型传感器。

第一章 测 量

测量就是通过一定的实验方法、借助一定的实验器具将待测量与选作标准的同类量进行比较的实验过程。测量结果应包括数值、单位及结果可信赖的程度（不确定度）三部分。本章介绍测量和误差的相关知识。

一、测量方法

测量

对于测量方法，从不同的角度出发，有不同的分类方法。

1. 静态测量和动态测量

根据被测量是否随着时间变化，可分为静态测量和动态测量。例如，用尺子测量桌子的长度属于静态测量（图 1-1）；又如，当乘坐飞机时，气流从机头前方流向飞机，飞机速度越快，气流速度越大，用测量气流速度的方法来测量飞机速度就属于动态测量（图 1-2）。

图 1-1 静态测量

图 1-2 动态测量

2. 直接测量和间接测量

根据测量的手段不同，可分为直接测量和间接测量。用标定的仪表直接读取被测量的测量结果，该方法称为直接测量。例如，用万用表直接测量电阻值，如图 1-3 所示。间接测量是利用直接测量的量与被测量之间的函数关系（可以是公式、曲线或表格等）间接得到被测量量值的测量方法。例如，伏安法测电阻，利用电压表和电流表分别测量出电阻两端的电压和通过该电阻的电流，然后根据欧姆定律计算出被测电阻的大小。

图 1-3 直接测量

3. 模拟式测量和数字式测量

根据测量结果的显示方式，可分为模拟式测量和数字式测量。如图 1-4 所示为模拟式测量，如图 1-5 所示为数字式测量。通常情况下，要求精密测量时均采用数字式测量。

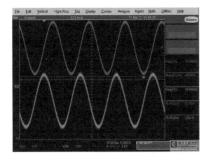

图1-4　模拟式测量

图1-5　数字式测量

4. 接触式测量和非接触式测量

根据测量时是否与被测对象接触，可分为接触式测量和非接触式测量。例如，用红外测温仪测量体温属于非接触式测量，而用传统的水银体温计测体温则属于接触式测量，如图 1-6 所示。非接触式测量不影响被测对象的运行工况，是目前发展的趋势。

水银温度计

红外额温计

（a）接触式测量　　　　　　　　　　（b）非接触式测量

图1-6　体温测量

5. 在线测量和离线测量

根据检测过程是否与生产过程同时进行，可分为在线测量和离线测量。例如，为了监视生产过程，在生产流水线上检测产品质量的测量称为在线测量，如图 1-7 所示，它能保证产品质量的一致性。而离线测量则是在产品生产完成后的测量形式，虽然能测量出产品的合格与否，但无法实时监控生产质量。

图1-7　在线测量

二、测量误差

误差

要取得任何一个量的值，都必须通过测量完成。任何测量方法测出的数值都不可能是绝对准确的，即总是存在所谓的"误差"。这是因为测量设备、仪表、测量对象、测量方法、测量者本身都不同程度受到自身和周围各种因素的影响，并且这些影响因素也在经常不断地变化着；其次，被测量对象对仪器施加作用，才能使仪器给出测量结果，**但是被测量对象和测量仪器之间的作用是相互的，测量仪器对被测量对象的反作用不可避免地会改变被测对象的原有状态。**

测量值与真实值之间的差值称为测量误差。测量误差按误差的表示方法不同可分为绝对误差和相对误差；按误差出现的规律可分为系统误差、随机误差和粗大误差；按误差是否随时间变化可分为静态误差和动态误差。

1. 按误差的表示方法分类

所谓绝对误差 Δx 是指某一物理量的测量值 x 与真实值 A_0 的差值。

$$\Delta x = x - A_0 \qquad (1\text{-}1)$$

例如，一个采购员买了 100kg 大米、10kg 苹果、1kg 巧克力，回来称重后发现大米是 99.5kg，苹果是 9.5kg，巧克力是 0.5kg。试问：购买这三样东西的绝对误差分别是多少？根据公式可以得出，购买大米、苹果和巧克力的绝对误差都是 0.5kg，但假如你是采购员，你对这三个卖家的意见能一样吗？

虽然绝对误差相同，但是对卖巧克力的卖家意见最大。产生这一情况的因素是相对误差。

相对误差可以用来表示测量值偏离真实值的程度，也就是测量精确度的高低。相对误差有两种：一种是示值相对误差，另一种是满度（或引用）相对误差。

示值相对误差 δ_A：用绝对误差 Δx 与被测量实际值 A_0 的百分比来表示的相对误差，即

$$\delta_A = \frac{\Delta x}{A_0} \times 100\% \qquad (1\text{-}2)$$

回到刚才有关采买的问题，利用公式分别计算购买大米、苹果、巧克力的示值相对误差，得到的值分别为 0.5%、5.2%、100%，可见购买巧克力的示值相对误差最大，因此对卖巧克力的商家意见最大。

满度相对误差 δ_m：用绝对误差 Δx 与仪器的满度值 A_m 的百分比来表示的相对误差，即

$$\delta_m = \frac{\Delta x}{A_m} \times 100\% \qquad (1\text{-}3)$$

上述相对误差在多数情况下均取正值。对测量下限不为零的仪表而言，可用最大量程减去最小量程（$A_{max} - A_{min}$）来代替分母中的 A_m，当 Δ 取最大值 Δm 时，满度相对误差常被用来确定仪表的准确度等级 S，即

$$S = \left| \frac{\Delta m}{A_m} \right| \times 100\% \qquad (1\text{-}4)$$

准确度等级也称精度等级，在测量仪器上经常可以看到精度等级。我国模拟仪表有下列 7 种等级：0.1、0.2、0.5、1.0、1.5、2.5、5.0（表 1-1）。它们分别表示对应仪表的满度相对误差所不应超过的百分比。一般来说，等级的数值越小，仪表的价格就越贵。根据仪表的精度等级可以确定测量的满度相对误差和最大绝对误差。

表 1-1 仪表的准确度等级和基本误差

等级	0.1	0.2	0.5	1.0	1.5	2.5	5.0
基本误差	±0.1%	±0.2%	±0.5%	±1.0%	±1.5%	±2.5%	±5.0%

在每次测量中是不是选用精度等级越小的仪表越好呢？例如，有 0.5 级的 0～300℃的和 1.0 级的 0～100℃的两个温度计，要测量 80℃的温度，试问用哪一个温度计更好？要想知道用哪一个温度计更好，就应求出哪一个温度计测量后的示值相对误差更小，根据公式可得：

用 0.5 级温度计测量时，可能出现的最大示值相对误差为

$$\delta_{\mathrm{m}} = \frac{\Delta m_1}{A_{\mathrm{m}}} \times 100\% = \frac{300 \times 0.5\%}{80} \times 100\% = 1.875\%$$

若用 1.0 级温度计测量时，可能出现的最大示值相对误差为

$$\delta_{\mathrm{m}} = \frac{\Delta m_2}{A_{\mathrm{m}}} \times 100\% = \frac{100 \times 1.0\%}{80} \times 100\% = 1.25\%$$

计算结果表明，用 1.0 级温度计比用 0.5 级温度计的示值相对误差小，所以更合适。由上例可知，在选用仪表时应兼顾精度等级和量程，通常情况下希望示值落在仪表满度值的 2/3 左右。

2. 按误差出现的规律分类

（1）系统误差：其变化规律服从某种已知函数。系统误差主要由以下几方面因素引起：材料、零部件及工艺缺陷；环境温度、湿度、压力的变化及其他外界干扰等。例如，机械手表和老式的挂钟就需要定期进行校准，如图 1-8 所示。

系统误差表明了一个测量结果偏离真值或实际值的程度。在一个测量系统中，测量的精度由系统误差来表征，系统误差越小，测量就越正确，所以还经常用正确度一词来表征系统误差的大小。

（2）随机误差：也称偶然误差，其变化规律未知。随机误差是由很多复杂因素的微小变化的总和所引起的，因此分析起来比较困难。但是，随机误差具有随机变量的一切特点，在一定条件下服从统计规律。因此，通过多次测量后，对其总和可以用统计规律来描述，也可从理论上估计对测量结果的影响，如图 1-9 所示。

随机误差表现了测量结果的分散性。在误差理论中，常用精密度一词来表征随机误差的大小。随机误差越小，精密度越高。如果一个测量结果的随机误差和系统误差均小，则表明测量既精密又正确。

图 1-8 机械手表及机械挂钟

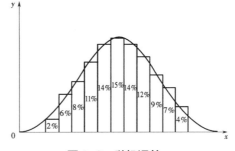

图 1-9 随机误差

（3）粗大误差：是指在一定条件下测量结果显著偏离其实际值所对应的误差。在测量及数据处理中，如发现某次测量结果所对应的误差特别大或特别小，应认真判断该误差是否属于粗大误差，如属粗大误差，该值应舍去不用。

3. 按误差是否随时间变化分类

（1）静态误差：是指被测量不随时间变化时所产生的误差。

（2）动态误差：是指被测量随时间变化时所产生的误差。即被测量随时间迅速变化时，系统的输出量在时间上不能与被测量的变化精确吻合。例如用水银温度计测量 100℃ 的液体温度，水银温度计不可能一下上升到 100℃，如果此时读取数据势必会产生误差，该误差即为动态误差。

▼ 项目1 电阻的测量 ▪▪▪▪▪

↓ 任务引入

如何能够测量出更为准确的数据？怎样才能判别使用哪个仪表测量更合适？测量时应尽量避免哪些引起误差的现象？

♟ 任务目标

掌握测量的方法及分类。

能够以小组协作的方式完成电阻测量的项目。

培养学生团队协作的意识及能力。

▦ 任务实施

任务一　电阻的测量

准备如下工具：

● 模拟万用表一块；

● 电阻三个（阻值分别为 120Ω，100kΩ，150kΩ）。

测量电阻，并填写表 1-2。

表 1-2　电阻测量值

测量值	电阻			
读数值				
测量值 1				
测量值 2				
测量值 3				

可能出现的问题 1：

可能出现的问题 2：

可能出现的问题 3：

可能出现的问题 4：

可能出现的问题 5：

测量电阻属于哪种测量方法？
　　静态测量　　　动态测量
　　直接测量　　　间接测量
　　模拟式测量　　数字式测量
　　接触式测量　　非接触式测量

 思考题

三个电阻的电阻率分别是多少？属于哪类测量？

任务二　误差的判别

图 1-10 所示为三张射击练习用的靶子，请大家分析一下，每张图分别属于哪种误差？

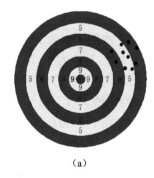  

（a）　　　　　　　　　（b）　　　　　　　　　（c）

图 1-10　靶子

任务三　误差的计算

我们都知道，错误是可以避免的，但是误差是不可避免的，为了能够保证测量的准确性，需要掌握误差的计算方法。

任务一中的模拟万用表（图 1-11），请求出它的满度相对误差。

参考表 1-2，请同学们谈谈自己测量的电阻属于哪种误差？

图 1-11　模拟万用表

13

第二章　温度传感器

温度是一个和人们生活环境有着密切关系的物理量，反映物体的冷热程度，是物体内部各分子无规则运动剧烈程度的标志。物体的许多物理现象和化学性质都与温度有关，温度直接和安全生产、产品质量、生产效率、节约能源等重大技术经济指标相联系，需要测量温度和控制温度的场合极其广泛，测量温度的传感器也越来越多。

一、温标

温标

为了保证温度量值的统一，人们建立了衡量温度高低的标准尺度，称为温标。它规定了温度读数的起点（零点）以及温度的单位。常用的温标有三个：摄氏温标、华氏温标、热力学温标。

摄氏温标是把在标准大气压下冰的熔点定为零摄氏度，把水的沸点定为 100 摄氏度，在这两个温度点间划分 100 等份，每一等份为 1 摄氏度。符号为 t，单位为℃。

华氏温标是人们规定在标准大气压下冰的熔点为 32 华氏度，水的沸点为 212 华氏度，在这两个温度点间划分 180 等份，每一等份为 1 华氏度。符号为 θ，单位为℉。

国际单位制中，以热力学温标作为基本温标。它做定义的温度称为热力学温度，符号为 T，单位为开尔文（K）。热力学温标以水的三相点，即水的固、液、气三态平衡共存时的温度为基本定点，并规定其温度为 273.15K，用下式进行热力学温标和摄氏温标的换算：

$$T=t+273.15 \tag{2-1}$$

二、温度传感器

测控温度的关键是温敏元件，即温度传感器。温度传感器一般是利用材料的热敏特性，实现由温度到电参量的转换。温度传感器可以分成接触式和非接触式两种。接触式是测温敏感元件直接与被测介质接触，使被测介质与测温敏感元件进行充分的热交换，使两者具有同一温度，达到测量的目的。非接触式是利用物质的热辐射原理，测温敏感元件不与被测介质接触，通过辐射和对流实现热交换。常用的温度传感器见表 2-1。

表 2-1　常用的温度传感器

测温方式	测温原理或敏感元件		温度传感器或测温仪表
接 触 式	体积 变化	固体热膨胀	双金属温度计
		液体热膨胀	玻璃液体温度计、液体压力式温度计
		气体热膨胀	气体温度计、气体压力式温度计

续表

测温方式	测温原理或敏感元件		温度传感器或测温仪表
接触式	电阻变化	金属热电阻	铂、铜、铁电阻温度计
		半导体热敏电阻	碳、锗、金属氧化物等半导体温度计
	电压变化	PN 结电压	PN 结数字温度计
	热电动势变化	廉价金属热电偶	镍铬-镍硅热电偶、铜-康铜热电偶等
		贵重金属热电偶	铂铑$_{10}$-铂热电偶、铂铑$_{30}$-铂$_6$热电偶等
		难熔金属热电偶	钨铼系列热电偶、钨钼系列热电偶等
		非金属热电偶	碳化物-硼化物热电偶等
	频率变化	石英晶体	石英晶体温度计
	其他	其他	光纤温度传感器、声学温度计等
非接触式	热辐射能量变化	比色法	比色高温计
		全辐射法	辐射感温式温度计
		两度法	目视亮度高温计、光电亮度高温计等
		其他	红外温度计、火焰温度计、光谱温度计等

（一）热电阻（thermal resistor）

金属的电阻值具有随着温度的升高而增大的性质，即具有所谓的正的电阻温度系数。热电阻是中低温区最常用的一种温度检测器，型号为MZ。这种传感器的温度敏感元件是电阻体，由金属导体构成，其特点是温度升高时阻值增大，温度减小时阻值减小。对于大多数金属导体，其电阻随温度变化的关系为

热电阻式
传感器

$$R_t = R_0(1 + \alpha_1 t + \alpha_2 t^2 + \cdots + \alpha_n t^n) \qquad (2\text{-}2)$$

式中，R_t——温度为 t℃时的电阻值；

R_0——温度为 0℃时的电阻值；

α_1，α_1，…，α_n——由材料和制造工艺所决定的系数。

在式（2-2）中，最终取几项，由材料、测温精度的要求所决定。金属导体的电阻随温度的升高而增大，可通过测量电阻值的大小得到所测温度值。通过测量电阻值而获得温度的一般方法是电桥测量法。电桥测量法有平衡电桥法和不平衡电桥法。

当前工业测温广泛使用铂热电阻、铜热电阻和镍热电阻等。

> 热电偶是电压输出型温度传感器，而热电阻是电阻值变化型温度传感器。因此，热电阻与热电偶相比，它需要一个将电阻值变化转换为电压的驱动电路，而不需要进行热电偶电路中不可缺少的冷端补偿。

1. 铂热电阻

用铂制作的测温电阻称为铂热电阻（铂电阻）。铂电阻具有稳定性好、抗氧化能力强、测温精度高等特点，所以在温度传感器中得到了广泛应用。铂电阻的应用范围为-200～960℃。

在-200～0℃，铂电阻的电阻—温度特性方程是

$$R_t = R_0 \left[1 + \alpha_1 t + \alpha_2 t^2 + \alpha_3 t^3 (t - 100) \right] \qquad (2\text{-}3)$$

在 0～960℃，铂电阻的电阻—温度特性方程是

$$R_t = R_0(1 + \alpha_1 t + \alpha_2 t^2) \tag{2-4}$$

式中，$\alpha_1 = 3.96847 \times 10^{-3} /℃$；$\alpha_2 = -5.847 \times 10^{-7} /℃^2$；$\alpha_3 = -4.22 \times 10^{-12} /℃^4$。

由式（2-3）、式（2-4）可以看出，由于初始值 R_0 不同，即使被测温度 t 为同一值，所得电阻 R_t 值也不同。我国规定工业用铂电阻有 $R_0=10\Omega$ 和 $R_0=100\Omega$ 两种，它们的分度号分别为 Pt_{10} 和 Pt_{100}，其中 $R_0=10\Omega$ 的铂电阻的感温元件是用较粗的铂丝绕制而成的，耐温性能明显优于 $R_0=100\Omega$ 的铂电阻，主要用于 650℃ 以上的测温区，而 $R_0=100\Omega$ 的铂电阻主要用于 650℃ 以下的测温区，相对来说 Pt_{100} 更常用。知道了初始电阻的大小，通过查找铂电阻的分度表就可以知道在当前温度下电阻的大小。从材质分，铂电阻可分为云母型、陶瓷封装型和玻璃封装型。云母型的铂电阻结构牢固、使用方便，在工业上获得了广泛的应用。陶瓷封装型铂电阻是将制作成螺旋形的高纯度铂电阻丝装入氧化铝陶瓷外壳中，其底部用耐热玻璃固定起来而构成的，由于可以减少铂电阻丝承受的热应力，由此它可以一直使用到高温，电阻值的误差还小，重复性与长期稳定性都很好。玻璃封装型铂电阻是将铂电阻丝绕制在特殊的玻璃体上，调整好 0℃ 时的电阻值后，再将其封入特殊的玻璃管中构成的，其热响应速度快，绝缘性能、耐水性能、耐气性能都非常好。

铂电阻通常装入保护管中使用，保护管一般都由金属制成。图 2-1 所示为带有金属保护管的铂电阻。

图 2-1　带有金属保护管的铂电阻

2. 铜热电阻

用铜制作的测温电阻称为铜热电阻（铜电阻）。相对于铂来说，铜价格低廉，因此在精度要求不高的场合和测温范围较小时，普遍使用铜电阻。铜电阻的应用范围为 -50～150℃，铜电阻的电阻—温度特性是近似的线性关系，即

$$R_t = R_0(1 + \alpha_1 t + \alpha_2 t^2 + \alpha_3 t^3) \tag{2-5}$$

式中，$\alpha_1 = 4.28899 \times 10^{-3} /℃$；$\alpha_2 = -2.133 \times 10^{-7} /℃^2$；$\alpha_3 = -1.233 \times 10^{-9} /℃^4$。

因为 α_2、α_3 比 α_1 小得多，所以可以简化为

$$R_t \approx R_0(1 + \alpha_1 t) \tag{2-6}$$

铜电阻的 R_0 分度号为 Cu_{50} 表示 $R_0=50\Omega$，Cu_{100} 表示 $R_0=100\Omega$。由于铜的电阻率比铂小，而且在空气中容易被氧化，故不适宜在高温和腐蚀性介质下工作。

热电阻温度传感器在工业中的应用十分广泛，例如，在啤酒加工过程中对温度的控制十分严格，其生产工艺主要包括糖化、发酵以及过滤分装三个环节，掌握好啤酒发酵过程中的发酵温度，控制好温度的升降速率是决定啤酒生产质量的核心因素。在啤酒加工过程中，可以依靠热电阻完成整个温度控制，如图 2-2、图 2-3 所示。

图 2-2　啤酒糖化锅

图 2-3　啤酒发酵罐

此外，还有镍电阻、铟电阻和锰电阻。这些电阻各有其特点：铟电阻是一种高精度低温热电阻；锰电阻阻值随温度变化大，可在 275～336℃环境内使用，但质脆易损坏；镍电阻灵敏度较高，但热稳定性较差。

（二）热敏电阻（thermistor）

**热敏电阻式
传感器**

热敏电阻是对温度敏感的电阻器的总称，型号为 MZ、MF。它是一种对温度反应较敏感、阻值随温度的变化而变化的非线性电阻器，它在电路中通常用文字符号"RT"或"R"表示。大部分半导体热敏电阻是由各种氧化物按一定比例混合，经高温烧结而成的。根据电阻温度系数与温度变化的规律通常可分为 3 种类型：正温度系数热敏电阻（PTC）、负温度系数热敏电阻（NTC）以及在某一特定温度下电阻值会发生突变的临界温度系数热敏电阻（CTR）。

1. 种类及特性

负温度系数热敏电阻（NTC）：大多是由锰、镍、钴、铁、铜等金属的氧化物经过烧结而成的半导体材料制成的，因为它具有良好的性能，所以被大量作为温度传感器使用。通常所说的热敏电阻器指的就是这种负温度系数的热敏电阻器。其特性是，温度越高，其阻值越小；温度越低，其阻值越高，呈现负温度系数的特性。

正温度系数热敏电阻（PTC）：通常是在钛酸钡陶瓷中加入施主杂质烧结而成的。其特性是，温度越高，其阻值越大；温度越低，其阻值越小，呈现正温度系数的特性。

临界温度系数热敏电阻（CTR）：一种具有开关特性的热敏电阻，其特性是当达到某一临界温度时，其阻值发生急剧转变。利用这种特性可以制成无触点开关，分为正突变型和负突变型两种类型。正突变型特性是：温度上升时，电阻值缓慢变化，当温度升高到某一温度时，电阻值突然增大，相当于开关的"开"状态。负突变型特性是：温度上升时，电阻值缓慢变化，当温度升高到某一温度时，电阻值突然减小，相当于开关的"关"状态。

除此之外，根据热敏电阻的结构可以分成珠型、二极管型和圆片型。珠型和二极管型热敏电阻因为封装在玻璃里面，所以即使在超过 300℃的温度下也可使用。而圆片型的热敏电阻一般都是通过树脂模压封装而成的，其使用温度上限和普通半导体材料一样只有 100℃，虽然温度偏低但是价格便宜，适用于工业化生产。如图 2-4～图 2-9 所示为不同类型的热敏电阻。

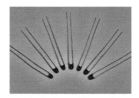

图 2-4　珠型热敏电阻

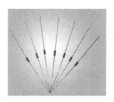

图 2-5　二极管型热敏电阻

图 2-6　高精度热敏电阻

图 2-7　圆片型热敏电阻

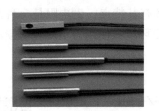

图 2-8　负温度系数热敏电阻

图 2-9　贴片式热敏电阻

2. 电阻—温度特性呈线性变化的热敏电阻器

前面所提及的热敏电阻的电阻值变化与温度的特性不是线性关系。但是，通过对热敏电阻增加串联电阻或并联电阻的方法可以实现线性化，只是其灵敏度会有所下降。图 2-10 所示为医用传感器中的热敏电阻。

图 2-10　医用传感器中的热敏电阻

3. 热敏电阻的主要参数

（1）标称电阻：一般指环境温度为 25℃时热敏电阻的实际阻值，也称常温阻值。

（2）温度系数：表示热敏电阻在零功率条件下，其温度每变化 1℃所引起电阻值的相对变化量。

（3）额定功率：在规定技术条件下，热敏电阻在长期连续负载下所允许的耗散功率。实际使用时不得超过其额定功率。

（4）热时间常数：在无功率状态下，当外界环境温度由一个特定温度向另一个特定温度改变时，元器件温度变化达到这两个特定温度之差的 63.2%所需的时间。通常将这个特定温度分别选为 85℃和 25℃或者 100℃和 0℃。热时间常数越小，表明热敏电阻的热惯性越小。

4. 热敏电阻的应用

热敏电阻在工业上的用途很广，在医学和家用电器中用途也十分广泛。根据产品型号不同，其适用范围也各不相同，具体应用包括以下三个方面。

（1）温度测量。

热敏电阻结构简单，价格较低廉，测温范围在-50～300℃，误差小于±0.5℃。没有外面保护层的热敏电阻只能应用在干燥的地方。密封的热敏电阻不怕湿气的侵蚀，可以应用在较恶劣的环境下。由于热敏电阻的阻值较大，其连接导线的电阻和接触电阻可以忽略。因此热敏电阻可以在长达几千米的远距离测温中应用，测量电路多采用电桥电路。

（2）温度补偿。

热敏电阻可在一定范围内对某些元件进行温度补偿。例如，动圈式表头中动圈由铜线绕制而成。温度升高，电阻值增大，引起测量误差。可在动圈回路中串入由负温度系数热敏电阻组成的电阻网络，从而抵消由于温度变化所产生的误差。在三极管电路、对数放大器中也常用热敏电阻补偿电路，补偿由于温度引起的漂移误差。

（3）温度控制。

将 CTR 热敏电阻埋设在被测物中，并与继电器串联，给电路加上恒定电压。当周围介质温度升到某一数值时，电路中的电流可由十分之几毫安变为几十毫安，因此继电器动作从而实现温度控制或过热保护。

▼ 项目2 温度报警电路的设计与制作 ■■■■

📥 任务引入

温度是一个与日常生活密切相关的物理量，也是一种在生产、科研、生活中需要测量和控制的重要物理量。测量温度的传感器很多，常用的有热电偶、热电阻、热敏电阻等。例如，居家使用的智能电饭锅、红外辐射温度计等，其功能的实现依靠的都是温度传感器，如图2-11所示为家庭常用的智能家电，它们的功能中都含有温控功能。本项目中，利用热敏电阻制作一个温度报警电路，该电路可以应用于奶瓶温度报警或给鱼缸加热（热带鱼过冬需控制水温）报警等。

（a）智能冰箱　　　　　（b）智能洗衣机　　　　　（c）智能热水器

图2-11　含有温控功能的家用电器

📖 任务目标

掌握负温度系数热敏电阻的工作特性。

能够正确分析电路的工作过程。

培养学生认真细致、积极探索的工作态度和工作作风。

📋 原理分析

温度报警电路如图2-12所示，该电路中主要应用的传感器为热敏电阻。当外界温度降低时，NTC阻值会随着温度的降低而升高，此时，A点电位升高，三极管导通，发光二极管LED发光，提醒用户温度降低需要加热。如果想制作一个自动加热的电路，可以将LED换成光耦，通过光耦驱动后面电路，感兴趣的读者可以自己设计后续电路。

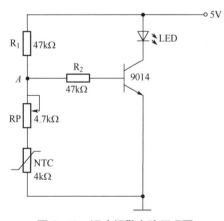

图2-12　温度报警电路原理图

任务实施

1. 准备阶段

制作温度报警电路所需的元器件清单见表 2-2，本电路的核心元器件是热敏电阻（NTC）。散件元器件如图 2-13 所示。

表 2-2　温度报警电路元器件清单

元 器 件		说　明
热敏电阻（NTC）		4kΩ
可调电阻		4.7kΩ
电阻	R_1	47kΩ
	R_2	47kΩ
LED		$\phi 3$ 或 $\phi 5$
三极管		9014

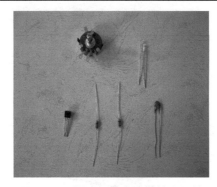

图 2-13　温度报警电路散件元器件

2. 制作步骤

（1）热敏电阻（NTC）的性能测试。

热敏电阻的特点是电阻值随温度的变化而变化，本电路采用的是负温度系数热敏电阻，其特点是电阻值随温度的升高而降低。根据热敏电阻的特点，应用万用表测量元器件性能的方法与测量普通固定电阻的方法相同，采用 R×1kΩ 挡，红、黑表笔分别接热敏电阻两端直接测量。当热敏电阻两端温度升高时，其阻值变小；当温度下降时，阻值增大，说明热敏电阻性能良好，否则热敏电阻性能不好。给热敏电阻加热时，可采用 20W 左右的小功率电烙铁，但要注意不要直接用烙铁头去接触热敏电阻或靠得太近，以防损坏热敏电阻。

（2）其余元器件性能的测量。

在电路中还应用了三极管 9014 和发光二极管 LED，其性能的测量方法此处省略。

图 2-14　实物布局图

（3）电路布局设计。实物布局图如图 2-14 所示，供读者参考。

（4）元器件焊接。

元器件在焊接时，要注意合理布局，先焊小元件，后焊大元件，防止小元件插接后掉下来的现象发生。

（5）焊接完成后先自查，然后请教师检查。如有问题，修改完毕后，再请教师检查。

（6）通电并调试电路。

本电路是温度报警电路，特点是当温度降低时发光二极管 LED 点亮给用户报警。制作调试中因为室温的温度较低，所以当电路接上电源时，发光二极管 LED 点亮，发出警报。如果电路制作正确，在热敏电阻两端持续加热，当温度达到一定热度时，LED 熄灭，提示温度较高。在调试过程中可能出现的常见问题：①如果电路中 LED 不亮，主要原因可能是极性连接错误，读者需仔细连接。②三极管发热，主要原因可能是引脚接错。本电路结构简单，无须过多调试即可完成电路功能。

3. 制作注意事项

（1）对热敏电阻加热时，不要直接用烙铁头去接触热敏电阻或靠得太近，以防损坏热敏电阻。

（2）热敏电阻在加热的情况下调节电位器使之能够完成功能。

4. 完成实训报告

该电路是一个当温度降低时报警的电路，如想制作一个当温度升高时报警的电路，该做怎样的调整呢？

2026 年全面禁止生产水银体温计

国家药监局发布通知，自 2026 年 1 月 1 日起，我国将全面禁止生产含汞体温计和血压计。消息一出，很多人为此叫好，认为汞对人有剧毒，早该禁用；但也有不少人对此表示担忧：水银温度计这么好用，为什么要禁用？一旦禁用，我们用什么来测温？现有的其他测温仪器能完全取而代之吗？

一、便宜又好用的水银温度计，你可能不知道它的危害有多大

几块钱一支的水银体温计，价格亲民不说，测温还特别准确，使它成为了千家万户的必备品之一。

水银体温计之所以准确，与它的测温原理有关。这种温度计的测温原理是汞的热胀冷缩，而液态金属的热胀冷缩率比煤油、酒精之类的物质更为显著，导热性也优异很多，就算温度只有微弱的变化，也能观测到体积的变化。此外，汞的熔点只有-39℃，是室温条件下唯一能够稳定存在的液态金属，于是含汞的低熔点合金也就成了制作体温计的最佳材料。但水银体温计无法回收，对环境污染太大，这成为了它必须被禁止的重要理由。

为了让水银体温计在测温区间更敏感，通常用的是铊汞合金，铊的毒性甚至比汞更大，水银体温计若不小心被打破，必须尽快处理。首先应当用纸做成铲形，将可见的汞珠铲掉，放入水中，再将纸丢弃掉。由于汞有挥发性，清理之后还需要强力通风，最好用硫磺覆盖被汞污染的地面。但是，这样也只是能够消除汞的危害，铊如果有残留，多少也会有危险性。可见，生产多少水银体温计，就意味着有多少汞和铊被排放到环境中，这些重金属都会对环境产生十分严重的影响。

二、改用其他体温计，也能得到可靠的测量结果

传统的水银温度计无法快速测温，效率更高的电子体温计和红外体温计（如耳温枪、额温枪）就派上了用场，那么这些体温计到底准不准呢？

电子体温计的测温原理是是利用温度传感器输出电信号。根据《GB-T 21416-2008 医用体温计》国家标准，电子体温计在 35.3℃~41.0℃区间的最大允许误差为 ±0.2℃，也就是说合格的医用级电子体温计在此条件下的误差仅有 0.2℃。

耳温枪、额温枪类红外体温计的测温原理是，人体的红外热辐射聚焦到检测器上，检测器再将辐射功率转换为电信号。根据《GB-T 21417.1-2008 医用红外体温计第一部分:耳腔式》，合格的耳温枪在 35.0℃~42.0℃的温度显示范围内，最大允许误差同样为 ±0.2℃。

有人会问，那"无接触式红外额温枪"准确度到底怎么样？实际上，由于温度和红外线的频率严格相关，理论上来说红外测温的精度会比水银体温计更高，但日常使用起来，红外辐射的测量较容易受到外界环境的影响，在与皮肤无接触的情况下，对测量方法的要求更加严格。目前来看，除了水银温度计，医用电子温度计和耳温枪都是不错的测体温工具，不过在实际操作的过程中大家还要根据说明书正确操作，这样才能得到准确的结果。

▼ 项目3 多点温度声光报警电路的设计与制作 ∎∎∎∎

🔽 任务引入

随着社会的进步和工业技术的发展，人们越来越重视温度因素，许多产品对温度范围都有严格的要求，而目前市场上普遍存在的温度检测仪器大都是单点测量，同时有温度信息传递不及时、精度不够等缺点，不利于工业控制者根据温度变化及时做出决定。在这样的形势下，开发一种能够同时测量多点，并且实时性高、精度高，能够综合处理多点温度信息的测量系统就很有必要。在日常生活中，有很多场合都需要进行多点温度的测量或监测，例如，智能多点平均温度计适用于生产现场存在不显著的温度梯度的情况，可同时测量多个位置或同一位置多处的温度平均值，自动判断液体位置，并输出液体内温度探头的平均值。如选用进口测温芯片，效果更好。智能多点温度计广泛应用于化肥合成塔、存储罐、原油罐、化工罐等装置中，其测温准确反映出罐内的平均温度，可更好地配合加热系统工作，节约能源。如图 2-15 所示为数字式多点温度计。本项目中，利用热敏电阻温度传感器制作一个多点温度报警电路，该电路可以应用于多处液体、固体温度的测量、监测报警等。

图2-15 数字式多点温度计

🔽 任务目标

掌握热敏电阻及 LM139、NE555 等芯片的使用方法。

能够正确分析电路的工作过程。

培养学生理论联系实际，自主学习、努力创新的良好习惯。

原理分析

多点温度声光报警电路主要由温度检测电路和多谐振荡电路两部分构成，如图 2-16 所示。其中，集成运算放大器 LM139 和热敏电阻组成温度检测电路；时基电路 NE555 和外围元件组成多谐振荡电路。工作时，LM139 集成运算放大器 U1A～U1D 接成电压比较器电路，D_9～D_{12} 构成或门电路。电路的核心元器件为负温度系数热敏电阻 Rt_1～Rt_4，它们作为多点温度检测的敏感元件。在正常温度下，U1A～U1D 的输出均为低电平，发光二极管 D_1～D_4 发光，D_5～D_8 熄灭，二极管 1N4148（电路中 D_9～D_{12}）处于截止状态，输出低电平，使多谐振荡电路中 NE555 复位引脚 4 被强行复位，振荡器处于不工作状态，蜂鸣器不报警。

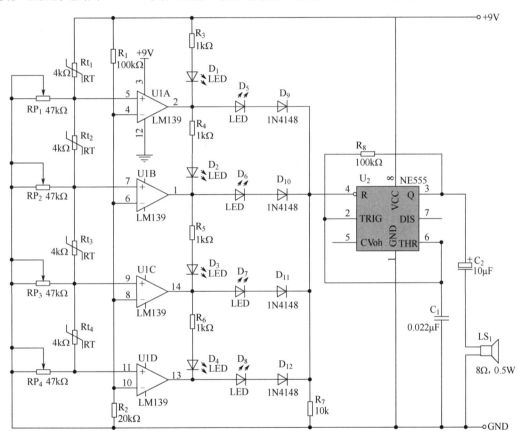

图 2-16　多点温度声光报警电路原理图

任务实施

1. 准备阶段

制作多点温度报警电路所需的元器件清单见表 2-3。本电路温度检测的核心元器件是热敏电阻（NTC）和集成块 LM139，如图 2-17 所示。本电路声音报警的核心元器件是集成块 NE555，散件元器件如图 2-18 所示。

表2-3 多点温度报警电路元器件清单

元 器 件		说 明	元 器 件		说 明
热敏电阻（NTC）	Rt₁～Rt₄	4kΩ	LED	D₁～D₄	φ3 或 φ5（绿）
				D₅～D₈	φ3 或 φ5（红）
集成块	U₁	LM139	集成块	U₂	NE555
电阻	R₁、R₈	100kΩ	电位器	RP₁～RP₄	47kΩ
	R₂	20kΩ	蜂鸣器	LS₁	
	R₃～R₆	1kΩ	电容	C₁	0.022μF
	R₇	10kΩ	电解电容	C₂	10μF

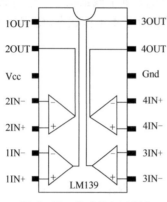

图2-17 集成块LM139

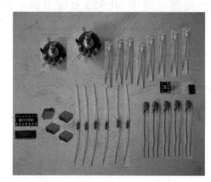

图2-18 多点温度报警电路散件元器件

2. 制作步骤

（1）热敏电阻（NTC）性能测试。

热敏电阻的特点是电阻值随温度的变化而变化。本电路采用的是负温度系数热敏电阻，其特点是电阻值随温度的升高而降低。对热敏电阻的检测见项目2温度报警电路。

（2）其余元器件性能的测量。

在本电路中应用了集成块LM139和NE555，在使用中根据电路图的连接方式正常连接就可以，其中LM139可以用LM239、LM339替代，它是一个四电压比较器集成电路。集成块NE555的使用方法可参考气体传感器中的项目12瓦斯报警器。

（3）电路布局设计。本项目可设计成最多四点的温度检测，实物布局图如图 2-19和图2-20所示，供读者参考。

图2-19 二点温度检测实物布局图

图2-20 四点温度检测实物布局图

（4）元器件焊接。

在焊接元器件时要注意：合理布局，先焊小元件，后焊大元件，防止小元件插接后掉下来的现象发生。

（5）焊接完成后先自查，然后请教师检查。如有问题，修改完毕后，再请教师检查。

（6）通电并调试电路。

本电路为多点温度报警电路，温度检测部件是热敏电阻 $Rt_1 \sim Rt_4$，对应的温度正常时为绿色发光二极管即 $D_1 \sim D_4$，对应的温度报警时为红色发光二极管即 $D_5 \sim D_8$。当某一路热敏电阻检测温度超高时，如 Rt_1 的温度超过额定上限值时，负温度系数热敏电阻阻值减小使比较器 U1A 输出高电平，发光二极管 D_1 熄灭，D_5 发光，二极管 D_9 处于导通状态，输出高电平，使多谐振荡电路中 NE555 复位引脚 4 变为高电平，振荡器起振，蜂鸣器报警，提醒人们温度较高并采取相应的措施，防止事故发生。同时，根据 $D_5 \sim D_8$ 点亮的情况可以判断出哪部分温度较高，从而实现多点温度声光报警。在调试过程中可能出现以下常见问题：

① 如果电路中发光二极管不亮，主要原因可能是集成块 LM139 电源端及地端没有连接，读者需仔细连接。

② 声音报警电路不报警，可能是集成块安装错误或者电源或地端没有连接。本电路结构比较复杂，建议在制作过程中，先做温度检测部分，连接无误后再制作声音报警电路。

3. 制作注意事项

（1）对热敏电阻加热时，不要直接用烙铁头去接触热敏电阻或靠得太近，以防损坏热敏电阻。

（2）安装集成块时应先焊接集成块座，调试时再安装集成块。

4. 完成实训报告

思考题

该电路应用的是 NTC 型热敏电阻进行温度检测，如果使用 PTC 型热敏电阻，这个电路应该怎样改进？

阅读材料

2021 年，全球 NTC 和 PTC 热敏电阻市场规模达到了 948.08 百万美元，预计 2028 年将达到 1283.52 百万美元。从地区层面来看，中国市场在过去几年变化较快，2021 年市场规模为 456.91 百万美元，约占全球的 48.19%，预计 2028 年将达到 705.70 百万美元，届时全球占比将达到 54.98%。从产品类型方面来看，NTC 热敏电阻在 2021 年市场规模达到了 624.99 百万美元，预计 2028 年将达到 803.83 百万美元。PTC 热敏电阻在 2021 年市场规模达到了 323.06 百万美元，预计 2028 年将达到 479.69 百万美元。从产品市场应用情况来看，NTC 和 PTC 热敏电阻应用于消费电子市场规模最大，2021 年市场占比达到 32.68%。其中汽车领域将增长较快，主要因为电动车取代燃油车以及汽车控制电子化的市场，已是电子业最主要的成长赛道。

热电偶

传感器

（三）热电偶

1. 热电偶的基本知识

（1）热电效应。

在工业测温中被广泛使用的就是热电偶传感器，如电站测温、石油化工企业自动控制系统测温；在便携式测温仪表或袖珍式数字万用表中热电偶也被作为测温探头使用。热电偶式温度传感器属于接触式热电动势型传感器，它的工作原理是基于热电效应。两种不同的导体（或半导体）A 和 B 组成一个闭合电路，如果它们两个接点的温度不同，则在回路中产生电动势，并有电流通过，这种把热能转换成电能的现象称为热电效应。产生的电动势称为热电动势，A、B 两导体称为热电极，T 端称为测量端或工作端或热端，T_0 端称为参考端或参比端或冷端，温差越大，产生的热电动势也越大，热电偶的图形符号如图 2-21 所示。

（2）热电动势。

热电动势由接触电动势和温差电动势两部分组成，如图 2-22 所示。接触电动势是由于两种不同材料导体的自由电子密度不同而在接触处形成的电动势。当两种不同金属材料接触在一起时，由于各自的自由电子密度不同，使各自的自由电子透过接触面相互向对方扩散，电子密度大的材料由于失去的电子多于获得的电子，而在接触面附近积累正电荷，电子密度小的材料由于获得的电子多于失去的电子，而在接触面附近积累负电荷，因此在接触面处很快形成一静电性稳定的电位差 E_{AB}，其值不仅与材料性质有关，而且还与温度有关。

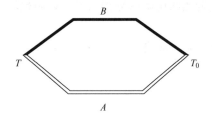

图 2-21　热电偶的图形符号

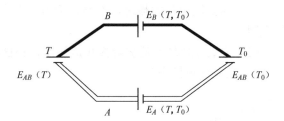

图 2-22　热电动势的组成

温差电动势是在同一根导体中由于两端温度不同而产生的电动势。同一根导体中，高温端的电子能量比低温端大，则高温端容易失去电子带正电，低温端得到电子带负电，因此会在导体薄层的界面上形成电位差。

在总电动势中，温差电动势比接触电动势小很多，可忽略不计。因此，总电动势为：

$$E_{AB}(T,T_0) = E_{AB}(T) + E_B(T,T_0) - E_{AB}(T_0) - E_A(T,T_0) \tag{2-7}$$

即

$$E_{AB}(T,T_0) = E_{AB}(T) - E_{AB}(T_0)$$

式中　$E_{AB}(T,T_0)$ ——热电偶电路中的总电动势；

　　　$E_{AB}(T)$ ——热端接触电动势；

　　　$E_B(T,T_0)$ ——B 导体的温差电动势；

　　　$E_{AB}(T_0)$ ——冷端接触电动势；

　　　$E_A(T,T_0)$ ——A 导体的温差电动势。

（3）热电偶基本定律。

① 均质导体定律。

由同一种导体（或半导体）组成的闭合回路，不论其截面、长度如何以及各处的温度如何分布，都不会产生热电动势。

② 中间导体定律（第三导体定律）。

在热电偶回路中，接入中间导体（第三导体），只要中间导体两端温度相同，则热电偶所产生的热电动势保持不变，即

$$E_{ABC}(T, T_0) = E_{AB}(T) - E_{AB}(T_0) = E_{AB}(T, T_0) \tag{2-8}$$

中间导体定律是热电偶实际测温应用中，采用热端焊接，冷端经连接导线与显示仪表连接构成测温系统的依据。

③ 中间温度定律。

在热电偶回路中，两接点温度为 T 和 T_0 的热电动势，等于热电偶在温度为 T、T_n 时的热电动势与在温度为 T_n、T_0 时的热动电势的代数和。其中 T_n 称为中间温度，即

$$E_{AB}(T, T_0) = E_{AB}(T, T_n) + E_{AB}(T_n, T_0) \tag{2-9}$$

若已知冷端温度为 $T_0=0\,℃$ 时的热电动势和温度的关系，就可以求出任意中间温度。

$$E_{AB}(T, 0\,℃) = E_{AB}(T, T_n) + E_{AB}(T_n, 0\,℃) \tag{2-10}$$

2. 常用热电偶

通常适于做热电偶的材料有 300 多种。到目前为止，国际电工委员会已经将其中 8 种材料制成的热电偶作为标准热电偶，表 2-4 为 8 种常用的热电偶及其特性（括号内为旧的分度号）。

表 2-4 常用热电偶

名　　称	型号	分度号	测温范围（℃）	100℃时热电动势（mV）	特　　点
铂铑$_{30}$-铂铑$_6$	WRR	B（LL-2）	0~1800	0.033	使用温度高、范围广，性能稳定，精度高；易在氧化和中性介质中使用；但价格贵，热电动势小，灵敏度低
铂铑$_{10}$-铂	WRP	S（LB-3）	-50~1768	0.645	使用温度范围广，性能稳定，精度高；复现性好，热电动势小，高温下铑易升华，污染铂极，价格贵，用于较精密的测温中
铂铑$_{12}$-铂	—	R（PR）	-50~1768	0.647	精度高、使用上限高、性能稳定，复现性好；但热电动势较小，不能在金属蒸气和还原性气体中使用，在高温下连续使用热性会逐渐变坏，价格昂贵；多用于精密测量
镍铬-镍硅	WRN	K（EU-2）	-200~1300	4.095	热电动势小，线性好，价廉，但材质较脆，焊接性能及抗辐射性能较差
镍铬-镍硅	—	N	-270~1370	2.774	一种新型热电偶，各项性能比 K 型热电偶更好，适宜于工业测量
镍铬-镍硅（康铜）	WRK	E（EA-2）	-270~800	6.319	热电动势比 K 型热电偶大 50% 左右，线性好，耐高湿，价廉；但不能用于还原性气体
铁-铜硅（康铜）	—	J（JC）	-270~760	5.269	价格低廉，在还原性气体中较稳定；但纯铁易被腐蚀和氧化

续表

名　称	型号	分度号	测温范围（℃）	100℃时热电动势（mV）	特　点
铜-铜硅（康铜）	WRC	T（CK）	−270～400	4.279	价廉，加工性能好，离散性小，性能稳定，线性好，精度高；铜在高温时易被氧化，多用于低温域测量，可做−200～0℃温域的计量标准

3. 热电偶的结构

基于控温的需要，热电偶的结构有多种类型，有装配型、铠甲型、薄膜型、快速消耗微型等。热电偶又有单支及双支之分，在一个保护套管中装有 2 支热电偶的称为双支。无论是何种热电偶，固定时均应插入被测系统内足够深度，且热端迎着流体方向。

（1）装配型热电偶。

装配型热电偶结构图如图 2-23 所示。这种热电偶由热电极、绝缘套管、保护套管、接线盒及接线盒盖组成。绝缘体一般使用陶瓷套管，其保护套有金属和陶瓷两种。普通热电偶主要用于测量液体和气体的温度。如图 2-24 所示为装配型热电偶实物。

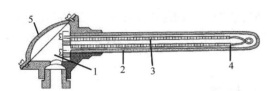

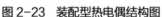

1—热电极；2—绝缘套管；3—保护套管；
4—接线盒；5—接线盒盖

图 2-23　装配型热电偶结构图

图 2-24　装配型热电偶实物

（2）铠甲型热电偶。

铠甲型热电偶是由热电极、绝缘材料、金属套管三者拉细组合而成一体的，又由于它的热端形状不同，可分为 3 种形式，如图 2-25 所示。它的突出优点是小型化（直径为 0.25～1mm）、寿命长、热惯性小，使用方便，主要用于测量狭缝的场合。铠甲型热电偶实物如图 2-26 所示。

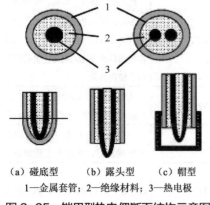

（a）碰底型　　（b）露头型　　（c）帽型
1—金属套管；2—绝缘材料；3—热电极

图 2-25　铠甲型热电偶断面结构示意图

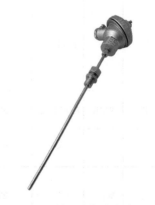

图 2-26　铠甲型热电偶实物

（3）薄膜型热电偶。

薄膜型热电偶的结构如图2-27所示。这种热电偶是用真空蒸镀等方法使两种热电极材料蒸镀到绝缘基板上而形成薄膜状热电偶的，其热接点极薄（0.01～0.1μm），因此特别适用于对壁面温度的快速测量，安装时，用黏结剂将它黏结在被测物体壁面上。目前我国试制的有铁-镍、铁-康铜和铜-康铜三种快速反应薄膜型热电偶，尺寸为60mm×6mm×0.2mm，绝缘基板用云母、陶瓷片、玻璃及酚醛塑料纸等，测温范围在300℃以下，反应时间仅为几毫秒。薄膜型热电偶主要用于壁式测量，如图2-28所示。

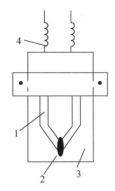 

1—热电极；2—热接点；3—绝缘基板；4—引出线

图2-27　薄膜型热电偶结构　　　　　图2-28　薄膜型热电偶实物

（4）快速消耗微型热电偶。

快速消耗微型热电偶是将铂铑$_{10}$-铂铑$_{30}$热电偶装在U形石英管中，再铸以高温绝缘水泥，外面再用保护钢帽所组成的。这种热电偶使用一次就焚化，但它的优点是热惯性小，只要注意它的动态标定，测量精度可达±5～±7℃。如图2-29所示为炼钢专用一次性快速消耗微型热电偶KW3/25-602p-600。

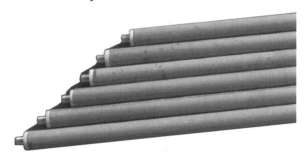

图2-29　快速消耗微型热电偶实物

4. 热电偶的冷端处理及温度补偿

热电偶测量温度时，要求其冷端的温度保持不变，其热电动势的大小才与测量温度呈单值函数关系。若测量时，冷端的（环境）温度变化，将严重影响测量的准确性。由于热电偶长度有限，冷端温度将直接受到被测物温度和周围环境温度的影响。在工业生产活动中，经常会遇到热电偶与测量仪距离较远的情况，解决该问题最好的方法就是将电阻丝增长，然后与测量仪相连接，但是这样做的结果是提高了成本，因此需要采用比热电偶廉价的补偿导线。

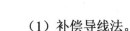

（1）补偿导线法。

工业中一般采用补偿导线来延长热电偶的冷端，使之远离高温区。补偿导线测温电路如图2-30所示。

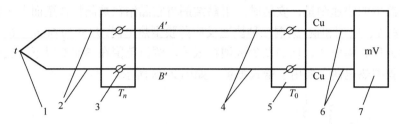

1—测量端；2—热电极；3—接线盒1（中间温度）；
4—补偿导线；5—接线盒2（新的冷端）；6—铜引线（中间导线）；7—毫伏表

图2-30　补偿导线测温电路

补偿导线（A'、B'）是两种不同材料的、相对比较便宜的金属（多为铜和铜的合金）导体，它们的自由电子密度比与所配接型号的热电偶的自由电子密度比相等，所以补偿导线在一定的环境温度范围内，与所配接的热电偶的灵敏度相同，具有相同的温度-热电动势关系，即

$$E_{A'B'}(T,T_0) = E_{AB}(T,T_0) \tag{2-11}$$

常用热电偶的补偿导线如表2-5所示，表中补偿导线型号的第一个字母与配用热电偶的型号相对应；第二个字母"X"表示延伸型补偿导线（补偿导线的材料与热电偶电极的材料相同）；字母"C"表示补偿导线；字母"H"表示耐高温；字母"R"表示多股；字母"P"表示屏蔽；字母"F"表示聚四氟乙烯材料；字母"B"表示玻璃纤维材料；字母"S"表示精密级补偿导线；字母"G"表示一般用补偿导线。

表2-5　常用热电偶的补偿导线

补偿导线型号	配用热电偶型号	补 偿 导 线		绝缘层颜色	
		正　极	负　极	正　极	负　极
SC	S	SPC（铜）	SNC（铜镍）	红	绿
KC	K	KPC（铜）	KNC（康铜）	红	蓝
KX	K	KPX（镍铬）	KNX（镍硅）	红	黑
EX	E	EPX（镍铬）	ENX（铜镍）	红	棕

在使用补偿导线时，必须注意以下问题：

① 补偿导线只能在规定的温度范围内（一般为 0～100℃）与热电偶的热电动势相等或相近。

② 不同型号的热电偶有不同的补偿导线。例如，如果使用的是 K 型热电偶，那么补偿导线就必须使用 K 型热电偶使用的补偿导线。虽然这样做降低了成本，但这样做也有缺点，与不被替代的热电偶相比，最高使用温度降低了。在热电偶丝与补偿导线连接时，使用热电偶连接器是十分方便的。由于连接器采用与热电偶相同的材料制成，因此可以将连接器部分产生的误差降到最小，连接器上还配备了高温用和屏蔽用的接地线。

③ 热电偶和补偿导线的两个接点处要保持同温度。

④ 补偿导线有正、负极，需分别与热电偶的正、负极相连。

⑤ 补偿导线的作用只有延伸热电偶的自由端，当自由端 $T_0 \neq 0$ 时，还需进行其他补偿与修正。

（2）计算法。

若温度显示仪表分度时规定热电偶冷端温度为 $0℃$，而在使用中冷端温度不为 $0℃$ 时，根据热电偶的中间温度定律，得知在这种情况下产生的热电动势为

$$E_{AB}(T,0℃) = E_{AB}(T,T_n) + E_{AB}(T_n,0℃) \tag{2-12}$$

修正时，先测出冷端温度 T_0，然后从该热电偶分度表中查出 $E_{AB}(T,0℃)$（此值相当于损失掉的热电动势），并把它加到所测得的 $E_{AB}(T,T_0)$ 上，根据式（2-4）求出 $E_{AB}(T,0℃)$，此值是已得到补偿的热电动势，根据此值再在分度表中查出相应的温度值。计算修正法共需要查分度表两次，如果冷端温度低于 $0℃$，仍可用上式计算修正，但查出的 $E_{AB}(T,0℃)$ 为负值。

（3）仪表机械零点调整法。

当热电偶与动圈式仪表配套使用时，若热电偶的自由端温度 T_0 基本恒定，对测量精度要求又不高时，可将仪表的机械零点调至热电偶自由端温度 T_0 的位置上，这相当于在输入热电偶的热电动势 $E_{AB}(T,T_0)$ 前先给仪表输入一个热电动势 $E_{AB}(T_0,0℃)$。这样，仪表在使用时所指示的值即为 $E_{AB}(T,T_0) + E_{AB}(T_0,0℃)$。进行仪表机械零点调整时，首先应将仪表的电源和输入信号切断，然后用螺丝刀调节仪表面板上的螺丝，使指针指向 T_0 的刻度上。此法虽有一些误差，但非常简便，在工业上经常采用。

（4）冷端恒温法（冰浴法）。

将热电偶的冷端置于装有冰水混合物的恒温容器中，使冷端的温度保持在 $0℃$ 不变。此方法也称为冰浴法，它消除了 T_0 不等于 $0℃$ 而引入的误差，因为冰融化较快，所以一般只适用于实验室中。图 2-31 所示为冷端置于冰瓶中的接法布置图。

除此之外，还可以将热电偶的冷端置于电热恒温器中，恒温器的温度略高于环境温度的上限（如 $40℃$），或者将热电偶的冷端置于恒温空调房间中，使冷端温度恒定。这两种方法只是使冷端维持在某一恒定（或变化较小）的温度上，因此这两种方法仍要予以修正。

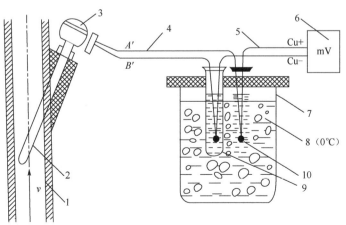

1—被测液体管道；2—热电偶；3—接线盒；4—补偿导线；5—铜质导线；
6—毫伏表；7—冰瓶；8—冰水混合物；9—试管；10—新的冷端

图 2-31　冷端置于冰瓶中的接线布置图

（5）电桥补偿法。

电桥补偿法是最常用的自由端温度自动补偿的方法。它利用直流电桥的不平衡电压来补偿热电偶因自由端温度变化而引起的热电动势变化值，如图2-32所示，图中R_{Cu}用铜丝绕制，R_1、R_2、R_3用锰铜丝绕制。当自由端温度增大时，由于R_{Cu}增加，使电桥输出的不平衡电压增加，以补偿热电偶热电动势的减小。电桥平衡点温度一般设为20℃，自由端温度偏离20℃时，电桥将产生不平衡电压。所以，采用这种电桥需把仪表的机械零值调整到20℃处。若电桥是按0℃时设计平衡的，则仪表机械零值调在0℃处。用于电桥补偿法的装置称为热电偶冷端温度补偿器。冷端温度补偿器通常使用在热电偶与动圈式显示仪表配套的测温系统中。而自动电子电位差计或温度变送器以及数字式仪表的测量线路里已设置了冷端温度补偿电路，故热电偶与它们相配套使用时不必另行配置冷端温度补偿器。在使用冷端温度补偿器时，应注意两点：①各种冷端温度补偿器只能与相应型号热电偶配套，并且应在规定的温度范围内使用；②冷端温度补偿器与热电偶连接时，极性不能接反。

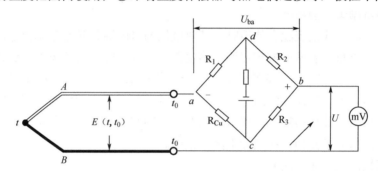

图2-32　电桥补偿法接线图

（6）软件补偿法。

在计算机监控系统中，有专门设计的热电偶信号采集卡或采集器，通常有单路、8路、或16路信号通道，带有隔离、放大、滤波等处理电路，在每一块采集卡上的接线端子附近安装有热敏电阻或半导体温度传感器，在采集卡驱动程序的支持下，计算机每次都采集各路热电动势信号和冷端温度信号，按计算修正法计算出每一路的热电动势值，就可以得到准确的被测值。

5. 热电偶的连接方式

热电偶按照其连接方式可分为以下两种。

（1）串联热电偶。

这种连接方式的热电偶又称为热电堆，它是把若干个同一型号的热电偶串联在一起，所有测量端处于同一温度T之下，所有连接点处于另一温度T_0之下（图2-33），则输出热电动势是每个热电动势之和。串联线路的主要优点是热电势大，精度比单支高；主要缺点是只要有一个热电偶断开，整个线路就不能工作，个别短路会引起示值显著偏低。

（2）并联热电偶。

如图2-34所示，它是把几个同一型号的热电偶的同性电极参考端并联在一起，而各个热电偶的测量端处于不同温度下，其输出热电动势为各热电偶热电动势的平均值，所以这种热电偶可用于测量平均温度。此种连接的特点是当有一个热电偶烧断时，难以觉察出来。当然，它也不会中断整个测温系统的工作。

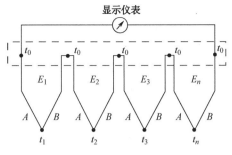

图 2-33　串联热电偶

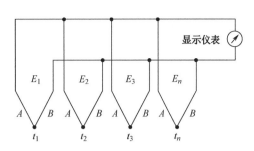

图 2-34　并联热电偶

（3）测量两点之间的温度差。

实际工作中常需要测量两处的温差，可选用两种方法测温差。

一种是两个热电偶分别测量两处的温度，然后求算温差。（精度较差）

一种是将两个同型号的热电偶反串联在一起，直接测量温差电动势，然后求算温差。（对于要求精确的小温差测量）

6. 热电堆

自然界中的物体或多或少全部都在辐射着红外线，其辐射的红外线能量大小与物体热力学温度的 4 次方成正比，因此通过检测红外线可以测量物体的温度。测量红外线可以使用热电堆，热电堆是将热电偶堆积起来的温度传感器，如图 2-35 所示。它将接收到的红外能量产生的温度变化用热电偶检测出来，以热电动势的形式输出。其精度虽然超不过普通的热电偶，但具有一个最大的优点，就是可以进行非接触式温度测量。

图 2-36 是一个体表温度计探头，是一个分度号为 K 的热电偶产品，凡是冷冻设备或产品的表面与外壁温度皆可测量，如测量模具、铸模、平板玻璃器皿、铝业制造、轴承及其他固体的表面温度等。

图 2-35　热电堆传感器

图 2-36　体表温度计探头

▼ 项目4　简易热电偶的设计与制作 ● ● ● ●

⬇ 任务引入

热电偶是工业上最常用的温度检测元件之一，它具有测量精度高、测量范围广、构造简单、使用方便等特点。它通过将两种不同材料的导体或半导体 A 和 B 焊接起来，构成一个闭合回路，当导体 A 和 B 的两个接点之间存在温差时，两者之间便产生热电动势，并在回路中形成热电流，因此，可将温度的变化转变成热电动势或热电流的变化。本项目中，利用铜和铜镍（康铜）两种金属构成热电偶的两极制作一个工业应用的热电偶（分度号为T），如图 2-37 所示，利用制作好的热电偶来验证热电效应。

（a）0.4mm 铜丝　　　　　　　（b）0.4mm 康铜丝

图 2-37　铜-康铜热电偶的原材料

任务目标

掌握热电偶的测温原理及测温方法。

能够独立完成简易热电偶的制作。

培养学生良好的思想品质及团队组织能力和协作能力。

原理分析

简易热电偶电路如图 2-38 所示，该电路中主要应用铜和铜镍（康铜）两种金属构成电偶线。当两接点温度出现温差时，在电路中会产生热电动势，温差越大，产生的热电动势也越大。

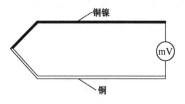

图 2-38　简易热电偶电路

任务实施

1．准备阶段

制作简易热电偶电路所需的元器件清单见表 2-6，散件元器件如图 2-39 所示。

表 2-6　简易热电偶电路元器件清单

元　器　件	说　　明
铜丝	0.4mm
康铜丝	0.4mm

图 2-39　简易热电偶电路散件元器件

2．制作步骤

简易热电偶的制作的难点是对热电偶的焊接，目前各散热实验室焊接热电偶线的设备主要有电子点焊机和氢氧烧焊机。

电子点焊机：专门为电子工业、微电子工业提供的电子点焊设备，具有无须除去绝缘漆就可直接焊接漆包线的功能，焊接时不用任何的助焊剂及焊锡，实现无铅锡焊接，如图 2-40 所示。焊接时在微小焊接区域流过强大电流，电能转化为热能，焊接一瞬间把两种金属牢靠地焊接在一起，形成一种不易氧化的金属合金。具有焊点细小、牢靠、对高频信号衰减小、耐高温等优点。把热电偶线的两根金属导线剥出，交叠放在点焊钳的点焊棒上，在点焊钳被压合的瞬间，电路导通产生一强电流，此时热电偶线交叠点会产生瞬间的高温，从而把热电偶线熔合在一起，如图 2-41 所示。

图 2-40　电子点焊机

图 2-41　利用电子点焊机制作热电偶

氢氧烧焊机：由一台氢氧电解器和一个燃烧喷嘴组成，如图 2-42 所示。先把水电解成氢气和氧气，混合后由喷嘴喷出，点燃后便在喷嘴前端形成高温火焰。把热电偶线的两根金属导线绞合在一起，利用火焰的高温把两根金属导线烧熔在一起。

除此之外，还可以利用直流电源完成热电偶的制作。直流电源是实验室的一种常用设备，如图 2-43 所示。它在短路瞬间也会释放出高电流，可以利用此高电流产生的局部热电效应来焊接热电偶。

图 2-42　氢氧烧焊机

图 2-43　直流电源

（1）将两根金属线平行地靠在一起。

（2）将直流电源的正负极分别接上带鳄鱼夹的导线，黑色线的鳄鱼夹（负极）夹住一刀片；红色线的鳄鱼夹（正极）夹住热电偶一端裸露的两根金属线，如图 2-44 所示。

（3）打开电源，将电压调到 40V 左右（电压范围在 37～45V 均可，可根据焊接效果及金属线的直径选择）。

（4）用红色鳄鱼夹夹住的两根热电偶的金属线轻轻地触碰刀片，电源的正负极在接触的一刹那短路，回路中出现瞬间强电流，强电流在通过触碰点时，把触碰点的温度在瞬间内升高到铜与康铜的熔点之上，从而把紧紧靠在一起的两根热电偶金属线焊接在一起，如图 2-45 所示。

（5）通电并调试电路。

本电路是简易热电偶电路，利用制作好的简易热电偶完成热电偶的原理——热电效应的实现。在调试过程中可能出现的常见问题：测量没有结果。主要原因为：①焊接不够牢固，在制作热电偶时，尽量使两根金属线尽量平行放置制作。②热电偶的两根金属线的冷端温度不相同。本电路结构简单，无须过多调试即可完成电路功能。

图2-44　直流电源正负极的设置

图2-45　制作完成的热电偶

3. 制作注意事项

利用直流电源焊接热电偶时，可根据焊接效果及金属线的直径大小，选择电压的幅值。当正负极接触短路时，会产生瞬间强电流，读者在制作过程中注意个人安全。

4. 完成实训报告

思考题

利用导线将制作好的热电偶连接到毫安表进行测量由温差产生的热电动势时，导线对热电偶的热电动势会不会有影响？为什么？

阅读材料

航空发动机热端温度测量是其设计制造以及性能测试的重要部分，温度与发动机性能息息相关，因此发动机温度测量十分重要。随着航空发动机推重比的提高，涡轮进口温度也大幅升高，发动机叶片表面温度测量尤其困难。航空发动机金属温度测量主要有高温热电偶、红外辐射温度计、示温漆、荧光温度计等方法。相较于高温薄膜热电偶，其他方法往往对发动机破坏较大或者需要拆卸部分结构才能测温或者精度低，因此存在局限性。与传统热电偶相比，薄膜热电偶可以直接沉积到叶片上，并且薄膜厚度为微纳米级，不影响叶片表面的流场，同时，其具有更高的精度、更快的响应速度、可批量化等优点。因此，高温薄膜热电偶成为发动机叶片测温的主流方法。

相比于金属基底薄膜热电偶，陶瓷基底薄膜热电偶有良好的绝缘性，不需要在基底与热电敏感层之间沉积过渡层，因此制备工艺简单；陶瓷材料与非金属热电材料热膨胀系数相近，结合力较好。同时由于陶瓷基底具有熔点高、灵敏度高和化学性能稳定等优点，广泛应用于刀具、航空器件上，越来越受到研究人员的青睐，陶瓷基底高温薄膜热电偶领域逐渐成为研究热点。

（四）热膨胀式温度传感器

1. 双金属片温度传感器

双金属片温度传感器通常用来作开关使用的，常称为温控开关。该传感器的构成主要是将两种不同的金属片熔接在一起。由于金属的热膨胀系数不同，因此温度的变化就会引起双金属片向不同的方向弯曲。若温度升高，双金属片就会向热膨胀系数小的方向弯曲；若温度降低，双金属片就会向热膨胀系数大的方向弯曲，从而形成开关的"开"与"关"的状态。

热膨胀温度传感器

工业上应用的双金属片温度传感器即双金属温度计，是一种测量中低温度的现场检测仪表。可以直接测量各种生产过程中-80～500℃范围内的液体蒸汽和气体介质温度。工业用双金属温度计主要的元件是一个用两种或多种金属片叠压在一起组成的多层金属片，是利用两种不同金属在温度改变时膨胀程度不同的原理工作的，是基于绕制成环形弯曲状的双金属片作为感温器件，并把它装在保护套管内，其中一端固定，称为固定端，另一端连接在一根细轴上，称为自由端。在自由端细轴上装有指针。当温度发生变化时，感温器件的自由端随之发生转动，带动细轴上的指针产生角度变化，在标度盘上指示对应的温度；直型表则通过转向传动机构带动指针变化。由于感温器件与温度变化呈线性关系，因此双金属片温度传感器指针所指示的位置也就是被测量的温度数值。表壳材料可以是钢板、铸合金和不锈钢板；检测元件还具有抽芯式结构；可调角型温度传感器的表头部分借助于波纹管、转角机构等零件，可以由角型到直型或从直型到角型任意角度转变。

下面以双金属片温度传感器在电熨斗中的应用电路为例，如图2-46所示，介绍双金属片温度传感器的工作原理。用电熨斗熨衣服，若温度过高会烫坏衣服，而且对于不同的衣料，熨衣时所需温度也不同，因此需要调温装置。如图2-47所示为电熨斗的结构示意图。电熨斗调温电路主要组件是双金属片，电熨斗工作时，上、下触点接触，电热组件通电发热。当温度达到选定温度时，双金属片受热下弯，使上触点离开下触点，自动切断电源；当温度低于选定温度时，双金属片复原，两触点闭合。再接通电路，通电后温度又上升，达到选定温度时又再断开，如此反复通断，就能使熨斗的温度保持在一定范围内。对于不同的衣料，可以通过调节螺丝选定温度的高低，越往下旋，静触点越下移，选定的温度就越高。

图2-46 家用电熨斗

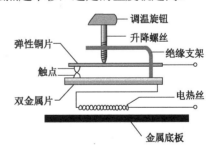

图2-47 电熨斗的结构图

2. 气体膨胀式温度传感器

气体膨胀式温度传感器是利用封闭容器中的气体压力随温度升高而升高的原理来测温的一种温度传感器。

如图2-48所示为气体膨胀式温度计结构，当温包受热后，其内部的工作介质温度升高体积膨胀压力增大，此压力经毛细管传到弹簧管内，使弹簧管产生变形，并由传动机构带动指针偏转，指示相应的温度值。

气体膨胀式温度计又称压力式温度计（图2-49），根据填充物的不同（氮气、氯甲烷、水银），可分为气体压力式温度计、蒸汽压力式温度计和液体压力式温度计。

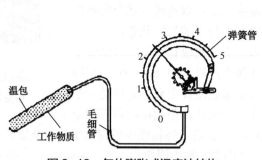

图2-48　气体膨胀式温度计结构

图2-49　压力式温度计实物图

气体膨胀式温度计的测温范围为-100～700℃，主要用于远距离设备的气体、液体、蒸汽的温度测量，也能用于温度控制或有爆炸危险场所的温度测量。

玻璃液体温度计：将酒精、水银、煤油等液体充入到透明有刻度的玻璃吸管中，两端封闭就制成了玻璃液体温度计。它是利用玻璃感温泡内的液体受热体积膨胀与玻璃体膨胀之差来测量温度的。

水银温度计（图2-50）大多用于液体、气体及粉状物体温度的测量，测温范围为-30～300℃。酒精温度计测量范围为-114～78℃。煤油温度计（图2-51）测量范围为-30～150℃。

平常看到装有红色工作物质的温度计，温度计的刻度在 100℃ 以下，一般都是煤油温度计，而不是酒精温度计。

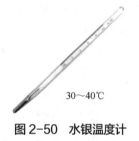

30～40℃

图2-50　水银温度计

0～50℃

图2-51　煤油温度计

▼ 项目5　火灾报警电路的设计与制作 ▪▪▪▪▪

⬇ 任务引入

火灾是人们需要避免发生的危险事件，火灾对人身和财物的伤害都很大，在生活中有各式各样的火灾报警器，如图2-52所示为一款火灾报警器。火灾报警器的种类有很多，如烟雾的、感光的、温度的等，本项目中，要制作一个基于温度的火灾报警电路。

⬚ 任务目标

掌握双金属片随温度变化的特性。

能够正确分析火灾报警电路的工作过程。

培养学生交流沟通和表达能力。

原理分析

图 2-52　火灾报警器

本项目要制作的电路（图 2-53）十分简单，主要应用的元器件只有三个，分别是双金属片、继电器、蜂鸣器。如果没有双金属片，可以找废弃的管灯，取出跳泡中的双金属片替代。当发生火灾，周围环境温度升高时，双金属片连通，继电器工作，S1 开关闭合，蜂鸣器报警。

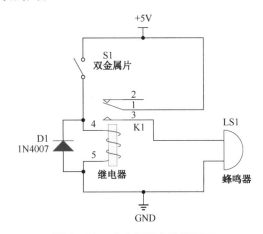

图 2-53　火灾报警电路原理图

任务实施

1. 准备阶段

本电路的核心元件是温度传感器（双金属片），制作火灾报警电路所需的元器件清单见表 2-7，该电路主要应用的元器件是继电器。散件元器件如图 2-54 所示。主要应用的工具有烙铁、焊锡胶棒和胶枪。

表 2-7　火灾报警电路元器件清单列

元 器 件	说　　明
双金属片	可用管灯跳泡中的双金属片替代
蜂鸣器	
继电器	5V

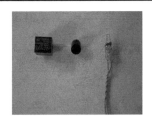

图 2-54　火灾报警电路散件元器件

2. 制作步骤

（1）温度传感器（双金属片）的制作。

双金属片是一个温度传感器，其特点是随着外界温度的升高，双金属片膨胀，两端接通，使电路导电。在实际应用电路中，如果购买不到双金属片传感器，可以用管灯跳泡中的双金属片代替，其原理和双金属片温度传感器一样。

首先将管灯跳泡中的双金属片取出，如图 2-55 所示。然后将两引脚与导线相连，利用胶枪在导线相连处裹上绝缘胶，如图 2-56 所示。

双金属片取自管灯跳泡，取的时候应小心谨慎。

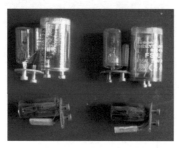

图 2-55　管灯跳泡中的双金属片

图 2-56　制作好的双金属片传感器

（2）继电器的使用。

继电器是一种根据外界输入信号（电信号或非电信号）来控制电路"接通"或"断开"的一种自动电器，主要用于控制、线路保护或信号转换。本电路中应用的是电磁式继电器。电磁式继电器由电磁系统、触点系统和反力系统三部分组成，当吸引线圈通电（或电流、电压达到一定值）时，衔铁运动，驱动触点作用。电磁式继电器的图形和文字符号如图 2-57 所示，有常开式和常闭式两种类型。

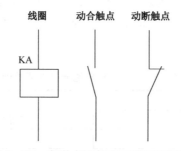

图 2-57　电磁式继电器图形和文字符号

本电路选用的继电器是 HRS4H-S-DC9V，工作电压 9V。继电器的实物元器件及引脚结构图如图 2-58 所示。其中，A、B 两引脚之间为线圈，E 为公共端。用万用表测量可知，ED 为常开端，EC 为常闭端。火灾报警电路应用的是继电器的常开端，即 ED 端。在连接中，C 端不用。除此之外，还可以应用继电器 4100，工作电压 3V，其引脚如图 2-59 所示。其中 2 脚、5 脚之间为线圈，1 脚、4 脚功能相同为公共端，3 脚和 1 脚（或 4 脚）为常开端，6 脚和 1 脚（或 4 脚）为常闭端。

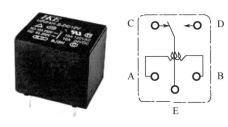

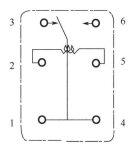

（a）实物元器件　　　（b）引脚图

图 2-58　HRS4H-S-DC9V 继电器　　　　图 2-59　继电器 4100 引脚图

（3）电路布局设计。实物布局图如图 2-60 所示，供读者参考。

（4）元器件焊接。

元器件在焊接时，要注意合理布局，先焊小元件，后焊大元件，防止小元件插接后掉下来的现象发生。

（5）焊接完成后先自查，然后请教师检查。如有问题，修改完毕后，再请教师检查。

（6）通电并调试电路。

调试过程中常见问题：①电路不工作，继电器引脚接错。②电路不报警，蜂鸣器接错极性。

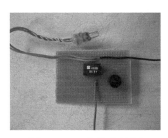

图 2-60　实物布局图

3. 制作注意事项

（1）继电器的常开、常闭触点的位置。

（2）继电器线圈的位置。

（3）蜂鸣器有极性。

4. 完成实训报告

 **思考题**

1. 双金属片温度传感器的工作原理属于（　　　）。

　　A. 气体膨胀　　　　B. 固体膨胀　　　　C. 液体膨胀

2. 该电路不用继电器是否可以正常工作？如果可以，需要对电路进行调整吗？调整电路哪部分？

阅读材料

你 能 解 释 吗？

有一个瓶子和一个盖子，盖子刚刚能够盖住瓶子，但对盖子加热后，非常轻松就能盖住瓶子，这是为什么？

物体因温度改变而发生的膨胀现象叫"热膨胀"。一般物体温度升高时，体积增大；温度降低时，体积缩小。在相同的温度变化下，固体、液体和气体的热胀冷缩程度不同。其中固体膨胀最小，液体较大，气体最大。因为物体温度升高时，分子运动的平均动能增大，分子间的距离也增大，物体的体积随之而扩大；温度降低，物体冷却时分子的平均动能变小，使分子间距离缩短，于是物体的体积就要缩小。又由于固体、液体和气体分子运动的平均动能大小不同，因而从热膨胀的宏观现象来看亦有显著的区别。

（五）集成温度传感器

集成温度传感器是半导体技术的产物。从 20 世纪 80 年代进入市场后，由于它的线性度好，精度适中，灵敏度高，故应用越来越广泛。集成温度传感器是将温敏晶体管、放大电路、温度补偿电路等辅助电路集成在同一个芯片上的温度传感器，广泛地用于-50～150℃温度范围的测温、控温和温度补偿电路中。集成温度传感器按照其输出形式的不同，可以分为电压型、电流型和频率型三种，前两种应用较广。集成温度传感器还具有热力学零度时输出电量为零的特性，利用这一特性，可以很容易地测量热力学温度。常用集成温度传感器的基本参数与主要功能、特性比较见表 2-8。

集成温度
传感器

表 2-8　常用集成温度传感器基本参数与主要功能特性比较

型　　号	功　　能	测温范围（℃）	分辨率（准确度）	电源范围(V)	静态电流（μA）
AD590	适用于二端集成温度传感器	−55～150	1μA/K	4～30	—
AD22100	待信号调节、电压输出温度传感器	200	±2（满度值）	4～6	500～650
AD22105	电阻可编程温度开关。通过改变外接电阻调节动作点温度，有 4℃预置温度时滞	−40～125	±3，25℃时为±2.0	2.7～7.0	
DS1620	9 位串行数据输出温度传感器 IC；带非易失用户数据设定。3 线接口，转换时间 1s		0.5	2.7～5.5	1.0
DS1621	9 位串行数据输出温度传感器 IC；带非易失用户数据设定。2 线串行接口		±0.5（0～70℃）		—
DS1820	9 位串行数据输出温度传感器 IC，支持多点温度测量，单线串行接口，转换时间 1s	−55～125	±0.5℃（−10～85℃）±2℃（−55～150℃）	2.8～5.5	5（125℃）
DS1821	可编程自动温度调节控制 IC，带非易失用户数据设定		±1℃（0～85℃）	2.7～5.5	1～3
AN6071	高精度、高灵敏度（100mV/℃）4 端通用集成温度传感器	−10～80	±1.0	5～15	
LM34	高精度、高灵敏度（100mV/℉）精密华氏温度检测 IC	−50～300℉	1.0℉	5～30	<90
LM35	高精度、高灵敏度（10mV/℃）3 端通用集成温度传感器	−50～150	0.5	4～30	70（max）
LM50		−40～125	±2.0	4.5～10	130（max）
LM56	双输出、带 1.25V 基准电压源集成温度传感器	−40～125	±2.0～±3.0	2.7～10	230（max）
LM60	单电源集成温度传感器，输出电压（174～1205mV）与温度呈线性关系	—	±3.0（−25～125）	—	110（max）

续表

型　　号	功　　能	测温范围（℃）	分辨率（准确度）	电源范围(V)	静态电流（μA）
LM65	—	—	—	—	—
LM66	双输出、带1.25V基准电压源、可预置集成温度调节控制器	−40～125	—	2.7～10	250（max）
LM75	9位数字输出温度传感器IC；带用户数据设定，2线串行输出接口	−55～125	±2.0（−25～100）±3.0（−55～125）	3.5～5.5	500（max）
LM78	多功能、可编程温度测控微处理器		±3.0（−10～100）	4.25～5.75	10
LM84	二极管遥测输入、2线输出接口，带Σ-ΔA/D变换的数字IC，非遥测精度±1.0	0～125	±3.0（60～100）±5.0（0～125）	3～3.6	1000
LM135	三端可调集成温度传感器，三者除测温范围不同外，其他参数、封装形式及引脚功能基本相同，工作电流范围400μA～5mA	−55～150	—		
LM235		−40～125			
LM335		−55～100			
TC622/624	可编程温敏开关，TC623可设置两个温度控制点，高、低温双限输出	0～70/−40～85	偏离编程温度±5.0	4.5～18/2.7～4.5	—
TC623		0～70/−40～85	偏离编程温度±3.0	2.7～4.5	—
TMP03/04	PWM输出数字集成温度传感器IC	—	—	—	—
TMP12	具有电阻可编程的气流温度传感器IC	−40～125	±3.0（−40～100）	≤15V	400
UC3730	可编程温度设置点感温开关，带报警输出	—		40	2500
TMP35/36/37	线性集成温度传感器IC[①]	−40～125	±3.0（−40～100）±3.0（25℃）	2.7～5.5	—

① 注：TMP35、TMP36、TMP37 的测温范围依次是 10～125℃、−40～125℃、5～100℃；除测温范围不同外，其余参数均相同。

　　集成温度传感器使传感器和集成电路融为一体，如图2-61、图2-62所示，极大地提高了传感器的性能，它与传统的热敏电阻、热电阻、热电偶、双金属片等温度传感器相比，具有测温精度高、复现性好、线性优良、体积小、热容量小、稳定性好、输出电信号大等优点。

图2-61　AD590实物

图2-62　LM35系列

项目6 简易室内温度计的设计与制作 ▪ ▪ ▪ ▪

📥 任务引入

温度是一个十分重要的物理量，无论在日常生活、工业生产还是科学研究中，温度的测量都是重要的参数之一。温度传感器的种类有很多，目前使用较为广泛的是集成温度传感器，集成温度传感器的种类也有很多，本项目将使用 LM35D 制作一个简易的测温电路。

👥 任务目标

掌握 LM35D 的测温原理及典型应用电路。

能够独立完成简易温度计的安装及调试。

培养学生认真负责的处事态度、精益求精的工匠精神。

📑 原理分析

LM35D 是一个温度传感器，数显简易室内温度计实物如图 2-63 所示。LM35D 集成温度传感器采用已知温度系数的基准源作为温敏元件，芯片内部则采用差分对管等线性化技术，实现了温敏传感器的线性化，也提高了传感器的精度。

图 2-63　数显简易室内温度计

与热敏电阻、热电偶等传统传感器相比，具有线性好、精度高、体积小、校准方便、价格低等特点，LM35D 的输出电压与温度存在着较好的线性关系，用最小二乘法拟合得到关系式 $U=7.05+10.02t$，即其灵敏度为 10.02mV/℃。但 LM35D 单电源工作时测量的最低温度理论上是 0℃，而实际上只能测到 2℃左右，温度计校准时要注意这一点。工作电压为 5V 时，静态电流约为 50μA，芯片自热温升仅为 0.1℃左右，热稳定性较好。

📋 任务实施

1. 准备阶段

制作这个电路所需的元器件及工具清单见表 2-9，其散件实物如图 2-64 所示。本电路的核心元件是温度传感器 LM35D，主要元器件是数显表头，请注意数显表头的四根引线的连接方式。

表 2-9　简易室内温度计元器件及工具清单

元 器 件	说 明
数显表头	HB8140A
LM35D	温度传感器
手钻	
电池	9V
外壳	废弃二手元器件外壳

图 2-64　简易室内温度计散件及工具

2. 制作步骤

本次项目制作的简易室内温度计十分简单，需要特殊注意的是如何使用数显表头，我们选用的型号是 HB8140A，该表头右下角有四根引线，分别连接电源和信号输出。只需将左侧两根电源线接好电源，右侧两根线接 LM35D 的输出和地就可以了，如图 2-65 所示。

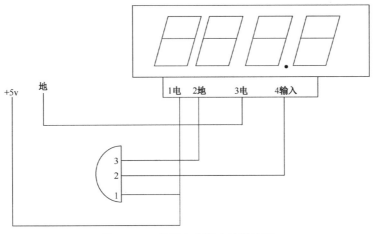

图 2-65　简易室内温度计连接图

（1）表头的使用。

该表头可以直接从网上或是电子产品市场购买，每个表头都配备一张使用说明书，将表头后面板朝上，可以看到左下角有 D_1、D_2、D_3、Filt、Hold 的标识，每个标识上方有两个焊点，默认是将 D_1 两个焊点短接，所表达的意思是表头精确至小数点后 1 位，若将 D_2 两个焊点短接，即精确至小数点后 2 位，将 D_3 两个焊点短接，即精确至小数点后 3 位，将 Filt 两个焊点短接，表示显示值被锁存，将 Hold 两个焊点短接，表示可抑制噪声和干扰，但显示会略有滞后。

（2）装盒。

前面所做的电路都是制作完成后的裸板，如果可以找到合适的外壳进行封装，这样的电路看起来就更贴近生活了。

有的电子产品市场里有二手元件卖，可以到这样的地方找一些电路的外壳，如图 2-66 所示就是在二手电子产品市场找到的外壳。打开盒盖，可以看到里面有装电路板的位置和卡壳，还有装电池的格子及引线。本项目中所使用的传感器 LM35D 是一个外形酷似三极管的元件，需要将该传感器露在壳体外，可以用手钻钻出一个孔，将 LM35D 伸到壳体外，如图 2-67～图 2-71 所示。

图 2-66　外壳　　　　　　　　　　图 2-67　元件图

图2-68　钻孔

图2-69　安装电池

用原外壳带的电池引线安装上9V电池后放入壳体。

将电路装进壳体中，注意LM35D的安装，要将该元件伸出壳体，才能测量室内温度，如图2-70所示为制作好的简易温度计。

图2-70　放入壳体中

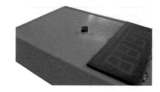

图2-71　安装LM35D及数码管

图2-72　简易温度计

3. 制作注意事项

（1）表头使用注意事项。

（2）使用手钻的注意事项。

（3）电路裸板安装注意事项。

4. 完成实训报告

 思考题

请查阅资料，LM35D和LM35C的区别在哪里？

阅读材料

自从人类诞生，冷暖一直是人关注的大问题。古代科技不发达，古人只能用身体来感受温度。后来，人们发现液体随着冷热的变化，其体积也会发生变化，根据这一变化规律发明了酒精和水银温度计。由于酒精温度计的误差比水银温度计大，因此，水银温度计的应用更为常见。不过水银有剧毒，使用中要注意，破裂之后要用硫黄粉洒在液体汞流过的地方，可以通过化学作用变成硫化汞，硫化汞就不会通过吸入影响健康，还要注意室内通风。

随着技术和材料的发展，科技人员发现了金属的热电特性。利用这种特性发明了热电偶和热电阻两种温度传感器，通过电子电路的配合实现了对温度的精确测量。

随着对高温和特殊场合温度测量的需要，科技人员发明了非接触式温度传感器，它的敏感元件与被测对象互不接触，又称非接触式测温电路。这种电路可用来测量运动物体、小目标或温度快读变化的物体的表面温度，也可用于测量温度场的温度分布。

随着集成电路技术的不断进步，集成传感器以其使用方便，精度高，无须过多调整等特点，广泛应用在多种场合，常见的 AD590 和 Lm35 系列。

近些年来，智能传感器技术快速发展，智能温度传感器也从传统的模拟式向数字化、智能化的方向发展。在智能温度传感器中，软件和硬件的合理配合既可以大大增强传感器的功能、提高传感器的精度，又可以使温度传感器的结构更为简单和紧凑，使用更加方便。将智能温度传感器的软件和硬件相结合就是将温度传感器与各种微处理器结合，连接到网络中，通过智能理论(人工智能技术、神经网技术、模糊技术等)对采样数据进行处理，形成带有信号处理、温度控制、逻辑功能等一系列功能的智能温度传感器。

智能传感器是一门涉及多种学科的综合技术。早期，很多人认为智能传感器是在工艺上将传感器与微处理器组装在同一个芯片上的装置，或者认为智能传感器是用 IC 技术将一个或者多个敏感元件和信号处理器集成在同一块硅芯片上的装置。随着以传感器系统发展为特征的智能传感器技术的出现，人们逐渐发现上述对智能传感器的认识并不全面。对智能传感器而言，重要的是将传感器与微处理器如何智能的结合，若没有赋予足够的智能的结合，只能说是"传感器微型化"，或者是智能传感器的低级阶段，还不能说是"智能传感器"。

一个真正意义上的智能传感器具备以下六大功能。

（1）具有自校准、自标定和自动补偿功能；

（2）具有自动采集数据、逻辑判断和数据处理功能；

（3）具有自调整、自适应的功能；

（4）具有一定程度的存储、识别和信息处理功能；

（5）具有双向通信、标准数字化输出或者符号输出功能；

（6）具有算法判断、决策处理的功能；

因为智能传感器具备上述六大功能，所以智能传感器具有以下的特点。

（1）高精度和高分辨力：由于智能传感器具备自校准、自标定和自动补偿的功能，这些功能大部分由软件形式来完成，因此，它具备了高精度和高分辨力这一特点。对零位的自校准能消除系统的零点漂移；自标定可以通过大量数据的统计处理消除偶然误差的影响；自动切换量程、软件数字滤波和相关分析等处理可以保证测量的高分辨、自动补偿非线性的误差，从而保证了智能传感器的高精度和高分辨力的特点。

（2）高稳定性和高可靠性：智能传感器的自动补偿能力除了保证该传感器的高精度特点外，还能够自动补偿因工作条件或者环境参数发生变化而引起的智能传感器特性漂移。智能传感器的适时自我检验、分析、诊断和校正能力，使系统在异常情况下也能可靠、稳定地工作。

（3）强自适应性：由于智能传感器具有判断、分析和处理能力，它能根据系统工作情况决定各部件的供电情况、与系统中的上位机之间的数据传输速率，从而使系统以最适当的数据传送速率工作在最优低功率状态。

（4）高性能价格比：智能传感器采用价格低廉的集成电路工艺和芯片，使硬件开销大大减少，并具有强大的软件功能，其性能价格比远高于传统传感器。

思政课堂

中国古人如何测量温度

"冰瓶"，中国最原始的"温度计"

早在先秦时期中国已出现了一种可以观察温度变化的"瓶子"：瓶子中装上水，如果水结冰了，气温即低于零度，进入寒冬了；如果冰融化，则气温回升。这种瓶子称"冰瓶"，也叫"水瓶"，可谓是中国最原始的一种温度计，被视为现代温度计的雏形。

虽然冰瓶测量温度在精度上有所欠缺，且没有刻度，不能显示温度值，但其所蕴含的智慧是相当不一般的。伽利略发明的第一支温度计也是用水作为介质，之后才出现用酒精和水银作为介质的温度计，而中国人早在公元前2世纪已开始用水作为"温度计"的介质了。

"腋温"，最晚在南北朝时期已普遍测试

中国人很早就发现，健康人的体温是恒定的。于是将正常体温为标准温度，即现代的37℃，以此推测体表温度是高还是低，即中医所谓"发热"与"发寒"。中国最早的中医典籍《黄帝·内经》里已记载了测体温诊病的情况："尺热曰病温，尺不热脉滑曰病风。"

现代医学测量体温时常用的"腋下温度"，最晚在南北朝时已普遍使用。《齐民要术》卷八 "作豉法"中有这样的说法，制作豆豉，要布置暖和、太阳晒不着的屋子，温度保持人体腋下温度为最佳，即"大率常欲令温如人腋下为佳"。

"火候"，推测超高温度的方法

火候，古人又称之为 "火齐"，是借燃烧时火焰的变化来推测温度高低的技术。这其实是一种"目测法"，《荀子·强国》中提到了这种方法，强调要铸造出精美宝剑，得掌握恰到好处的温度，即"刑范正，金锡美；工冶巧，火齐得"。

经过现代科学验证，火候法相当准确，因为不同物质的气化点不同，金属加热时由于蒸发、分解、化合等作用，会生成不同焰色的气体。如青铜台炼时出现白色烟雾，相当于907℃，锌开始挥发；炉火纯青，表明温度已达到1200℃，锌完全挥发，全是铜的青焰，此时就可以浇铸了。

"物候"，预测未来气温走势

二十四节气是古人因记载时序、方便安排农业生产而来的，也适用于古人预测气温的需要。通过对节气当天气象的观测，古人可以对未来气温趋势进行比较准确的中长期预测。如"小暑"节气一到，古人就知道以后的天气将进入高温模式，所以谚语说，"小暑过，一日热三分"。再下面将到的"大暑"，如果当天比较热，秋冬气温就偏高，谚语"大暑热得慌，四个月无霜"就是这个意思。对于夏季是否有高温天气，古人还根据"夏至"的气象来判断，有"夏至无云三伏烧""夏至无雨三伏热"一说；而"冬至暖，烤火到小满""霜前冷，雪后寒"则是古人预测低温的说法。

第三章　光电传感器

　　光照射在物体上会产生一系列的物理或化学效应，例如，植物的光合作用，化学反应中的催化作用，人眼的感光效应，取暖时的光热效应以及光照射在光电元件上的光电效应等。光电传感器是将光信号转换为电信号的一种传感器。使用这种传感器测量其他非电量时，只要将这些非电量转换为光信号的变化即可。光电传感器采用光电器件作为检测元件，先把被测参数的变化转变为光信号的变化，再通过光电元件将光信号转变为电信号。光电传感器可以对许多非电量进行测量，具有结构简单、非接触性、精度高、响应速度快等优点，在检测和自动控制系统中得到广泛的应用。

　　要想掌握光电传感器的知识，首先应了解关于光的一些基本概念。

一、光辐射基础

1. 光和光谱

光谱

　　光是以电磁波的形式在空间传播的，人眼所能感觉到的光是电磁波中很小的一部分，称为可见光。可见光的波长为 370～760nm。不同波长的光给人的颜色感觉也不同。波长从 760nm 向 380nm 减小时，光的颜色从红色开始，按红、橙、黄、绿、青、蓝、紫的顺序逐渐变化，全部可见光波混合在一起就形成白色光。可见光以外的电磁波辐射称为不可见光。波长小于 360nm 的电磁波中，人们熟悉的有紫外线、X 射线、γ 射线等。波长大于 760nm 的电磁辐射则有红外线和微波等。把光线中不同强度的单色光按波长的长短依次排列，称为光谱，如图 3-1 所示。

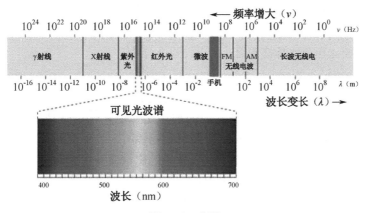

图 3-1　光谱

2. 光的度量

（1）光通量。

能够发光的物体称为光源，从光源发出的光具有一定的能量，这种能量称为光能。但仅用能量参数来描述各类光传感器的光学特性是不够的，还必须引入人眼视觉的光度参数也就是"视见率"来衡量。视见率又称"视见函数"，不同波长的光对人眼的视觉灵敏度不同。实验表明：正常视力的观察者，在明视觉时对波长 5.5×10^{-7}m 的黄绿色光最敏感；暗视觉时对波长 5.07×10^{-7}m 的光最为敏感。而对紫外光和红外光，则无视力感觉。取人眼对波长为 5.55×10^{-7}m 的黄绿光的视见率为最大，取为 1；其他波长的可见光的视见率均小于1；红外光和紫外光的视见率为零。某波长的光的视见率与波长为 5.55×10^{-7}m 的黄绿光视见率的比称为该波长的"相对视见率"。

光通量是指人眼所能感觉到的辐射功率，等于单位时间内某一波段的辐射能量和该波段的相对视见率的乘积。用符号 ϕ 表示，单位为流明（lm）。

（2）发光强度。

光源在空间某一特定方向上的单位立体角内辐射的光通量（光通量的密度），称为光源在该方向上的发光强度（简称光强），用符号 I 表示，单位为坎德拉（cd），其中 $I=\phi/\omega$。ϕ 是在 ω 立体角内所辐射的总的光通量（lm）；ω 为球面所对应的立体角。通俗地说，发光强度就是光源所发出的光的强弱程度。

（3）照度。

照度是用来表示被照面（点）上光的强弱。受照物体表面每单位面积上接收到的光通量称为照度，用符号 E 表示，单位为勒克斯（lx）。被光均匀且垂直照射的照度 $E=\phi/A$，其中 ϕ 为物体表面单位面积上接收到的光通量，A 为被照面积，因此说 1（lx）=1（lm）/m^2，教育部门规定，所有教室的课桌面的照度必须大于 150lx，因此在日常生活中需要用到衡量照度的照度计。

（4）亮度。

亮度是指发光体（反光体）表面发光（反光）强弱的物理量。人眼从一个方向观察光源，在这个方向上的光强与人眼所"见到"的光源面积之比，定义为该光源单位的亮度，即单位投影面积上的发光强度。亮度用符号 L 表示，亮度的单位为坎德拉/平方米（cd/m^2）。

光源的明亮程度与发光体表面积有关系，同样光强的情况下，发光面积大，则暗，反之则亮。亮度与发光面的方向也有关系，同一发光面在不同的方向上其亮度值也是不同的，通常是按垂直于视线的方向进行计量的。例如，相同照度下两个相同物体，一黑一白，人眼看到白色物体要比黑色物体亮得多。

二、光电效应

光电效应

光电传感器中重要的部件是光电元件，是基于光电效应进行工作的。光电效应是指当光照射到物体时，物体受到具有能量的光子轰击，使物体材料中的电子吸收光子的能量而发生相应的电效应，如电导率变化、发射电子或产生电动势的现象。光电效应是由德国物理学家爱因斯坦在 1905 年用光量子学说解释的，他因此获得了 1921 年的诺贝尔物理学奖。

光电效应通常分为外光电效应和内光电效应，内光电效应又可分为光电导效应和光生伏特效应。

1. 外光电效应

在光线作用下，电子逸出物体表面的现象称为外光电效应，也称为光电发射效应。外光电效应可用爱因斯坦光电方程来描述为

$$\frac{1}{2}mv^2 = hf - A \qquad (3\text{-}1)$$

该公式中，m 为电子质量；v 是电子逸出物体表面时的初速度；h 是普朗克常数，h=6.626×10^{-34}J·S；f 是入射光频率；A 是物体逸出功。爱因斯坦光电方程表明逸出功与材料的性质有关，当材料选定后，要使金属表面有电子逸出，入射光的频率 f 有一最低的限度，当 hf 小于 A 时，即使光通量很大，也不可能有电子逸出，这个最低限度的频率称为红限。当 hf 大于 A 时，光通量越大，逸出的电子数目越多，形成的光电流也越大。基于外光电效应的光电元件有光电管和光电倍增管等。

2. 内光电效应

由于光量子作用，引发物质电化学性质变化的现象称为内光电效应。内光电效应分为光电导效应和光生伏特效应。

（1）光电导效应。

在光线作用下，使物体的电阻率发生变化的现象称为光电导效应。基于内光电效应的光电元件有光敏电阻、光敏二极管、光敏三极管、光敏晶体管和光敏晶闸管等。

（2）光生伏特效应。

在光线作用下，使物体产生一定方向电动势的现象称为光生伏特效应。例如，以一定波长的光线照射半导体 PN 结上，电子受到光电子的激发挣脱束缚成为自由电子，在 P 区和 N 区产生电子—空穴对，在 PN 结内电场的作用下，空穴移向 P 区，电子移向 N 区，从而使 P 区带正电，N 区带负电，于是 P 区和 N 区之间产生电压，即光生电动势，若 PN 结两端短接，则形成光电流。基于光生伏特效应的光电元件有光电池。

总而言之，光电传感器是以光为媒介，以光电效应为基础的传感器，市场上的光电传感器主要有：光敏电阻、光敏晶体管及各类光电池。

三、光电管和光电倍增管

通常人们把检测装置中发射电子的极板称为阴极，吸收电子的极板称为阳极，且将两者封于同一壳内，连上电极，就成为光电二极管（简称光电管）。当入射光照射在阴极时，光子的能量传递给阴极表面的电子，当电子获得的能量足够大时，就有可能克服金属表面对电子的束缚（称为逸出功）而逸出金属表面形成电子发射，这种电子称为光电子。当光电管阳极与阴极间加适当正向电压（几伏到数十伏）时，从阴极表面溢出的电子被具有正向电压的阳极所吸引，在光电管中形成电流，称为光电流。光电流正比于光电子数，而光电子数又正比于光通量。光电管结构如图 3-2 所示。光电管的图形符

光电管传感器

号及测量电路如图 3-3 所示。如果将负载电阻与光电管串联接入电路，该电阻上的压降随着光电流的大小而改变，而光电流的大小又直接反映了光强度的变化，从而利用光电管实现光电信号的转换。

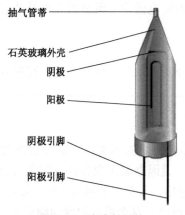

图 3-2　光电管结构

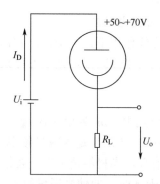

图 3-3　光电管图形符号及测量电路

　　由于不同材料的电子逸出功不同，因此不同材料的光电阴极对不同频率的入射光有不同的灵敏度，因此可以根据检测对象是可见光或紫外光而选择不同阴极材料的光电管。

　　光电管有真空光电管和充气光电管两类，两者结构相似。充气光电管的构造与真空光电管的构造基本相同，不同之处在于玻璃泡内充以少量惰性气体。如氩、氖。当光电极被光照射而发射电子时，光电子在趋向阳极的途中撞击惰性气体原子，使其电离而使阳极电流急速增加。其优点就是灵敏度高，但与真空管相比，其灵敏度随电压显著变化的稳定性，频率特性都比真空管差。

　　光电管的典型应用有很多，如医疗器械中的血液检测仪。当输送血液的导管经过光电管和光源中间，如果该管血液属于一个生病的患者，那么血液成分就会与健康人有差别，这样透过血液输送导管照射到光电管的光通量的大小会有所变化，导致光电管产生的电流大小不同，同时反映到电子设备上，由电子设备上的数据可以评估该管血液成分，继而能够分析患者病情。

　　在入射光很微弱时，一般光电管能产生的光电流很小，难于检测，在这种情况下，即使光电流能被放大，但噪声与信号也同时被放大了，为了克服这个缺点，可以采用光电倍增管对光电流进行放大。光电倍增管是在普通光电管阴、阳极的基础上，又加入了光电二次发射的倍增极。这些光电倍增极上面有 Sb-Cs 或 Ag-Mg 等光敏材料。在工作时，这些电极的电位逐级提高。一般光电倍增管的输出特性基本上是一条直线，即光照度与输出电流呈线性关系。

　　光电管和光电倍增管的实物如图 3-4、图 3-5 所示。

图 3-4　光电管实物

图 3-5　光电倍增管实物

　　光电管在工业测量中主要应用于紫外线测量、火焰监测等场合。光电管的灵敏度较低，因此在微光测量中常常使用光电倍增管。

光敏电阻传感器

四、光敏电阻、光敏晶体管

1. 光敏电阻

光敏电阻又称光导管，是利用多晶半导体的光导电特性而制成的，是属于一种无结的半导体器件。当光敏电阻受到光照时，其表面层就会产生空穴和电子（光生载流子），并有效地参与导电，从而使光敏电阻的电阻率下降。光照越强，电阻越小。光敏电阻的工作原理是基于内光电效应。在半导体光敏材料两端装上电极引线，将其封装在带有透明窗的管壳里，就构成了光敏电阻。为了增加灵敏度，两电极常做成梳状，如图 3-6 所示为光敏电阻，图 3-7 为其结构图。

图 3-6 光敏电阻

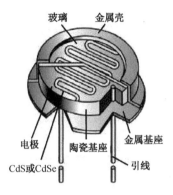

图 3-7 光敏电阻的结构

2. 光敏晶体管

光敏二极管、光敏三极管、光敏晶闸管等统称为光敏晶体管（图 3-8、图 3-9、图 3-10），它们的工作原理是基于内光电效应。光敏三极管的灵敏度比光敏二极管高，但频率特性较差，暗电流也较大。而光敏晶闸管的导通电流比光敏三极管还要大得多，工作电压有的可达数百伏，因此可得较高的输出功率。光敏晶闸管主要用于光控开关电路及光耦合器中。

图 3-8 光敏二极管

图 3-9 光敏三极管

图 3-10 光敏晶闸管

将发光器件与光敏元件集成在一起，便可构成光耦合器。其中，图 3-11（a）所示为窄缝透射式，可用于片状遮挡物体的位置检测或码盘、转速测量；图 3-11（b）所示为反射式，可用于反光体的位置检测，对被测物不限厚度；图 3-11（c）所示为全封闭式，用于电路的隔离。若必须严格防止环境光干扰，透射式和反射式都可选择红外波段的发光元件和光敏元件。

光耦合器最典型的应用就是烘手器，烘手器以光耦合器为光传感器，以开关集成电路 TWH8778 为控制元件，电路如图 3-12 所示。当洗手后需要烘干时，把手放在烘手器下方，经光耦合感应到信号，使开关集成电路 TWH8778 的 5 端电平高于 1.6V 而导通。经 R_4 限流电阻，触发晶闸管 VS，并使 VS 导通，加热器 R_L 工作，将手烘干。当手离开后，开关集成电路 TWH8778 自动截止，加热器 R_L 停止工作。

光耦合器的实物如图 3-13 所示。

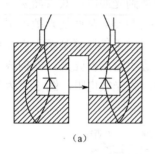 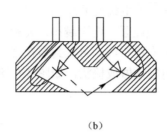 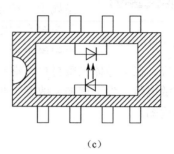

（a）　　　　　　　　　　（b）　　　　　　　　　　（c）

图 3-11　光耦合器的典型结构

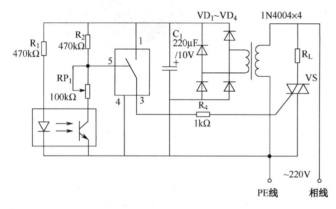

图 3-12　远红外烘手器电路

图 3-13　光电耦合器实物

▼ 项目 7　简易自动照明装置的设计与制作 ● ● ● ●

📥 任务引入

图 3-14　街道路灯

几十年前，人们就开始利用光敏电阻和光电二极管来实现对环境光的检测。随着这些年人们对绿色节能以及产品智能化的关注，光电传感器获得了越来越多的应用。在日常生活中，自动照明灯就是光电传感器的实际应用，如图 3-14 所示为街道路灯，它可在光线较强的情况下自动熄灭，而在夜晚或光线较弱的情况下自动点亮，给人们的生活带来了极大便利。

📖 任务目标

掌握光敏电阻的工作原理和特性。

能够正确分析电路的工作过程。

培养学生积极思考,分析问题、解决问题的能力。

原理分析

简易自动照明装置电路结构简单,可随实际环境光线强弱进行自动照明。电路主要应用光电传感器——光敏电阻。本项目制作的自动照明电路主要由小灯泡、单向晶闸管组成,触发电路由电位器、二极管 1N4007 和光敏电阻组成。当外界环境光照强度较强时,光敏电阻两端电阻较小,单项晶闸管 Q_1 呈阻断状态,其大部分电压被二极管 D_1 和电位器 RP 分担,小灯泡不亮;当外界环境光线变暗时,光敏电阻两端电阻增大,当达到一定程度,单项晶闸管 Q_1 两端电压增大导通时,小灯泡 L 点亮。外界环境越暗,光敏电阻越大,小灯泡两端电压也越大,小灯泡就越亮。

通过调节电位器 RP 的阻值可以改变小灯泡的亮、灭与环境光线强度之间的关系。例如,将该电路的传感器光敏电阻放置在 10lx 的照度环境下,调节 RP 到小灯泡 L 刚好点亮为止;当外界环境低于 10lx 时,小灯泡 L 就会自动点亮。简易自动照明装置电路原理图如图 3-15 所示,。

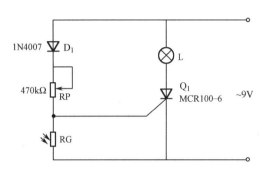

图 3-15 简易自动照明装置电路原理图

任务实施

1. 准备阶段

制作简易自动照明装置电路所需的元器件见表 3-1。本电路的核心元件是光敏电阻,主要元器件是单向晶闸管 MCR100-6。主要元器件如图 3-16 所示。

表 3-1 简易自动照明装置元器件清单

元 器 件		说 明
光 电 阻	RG	5kΩ(暗电阻)
电位器	RP	470kΩ
灯泡		
二极管	D_1	1N4007
单向晶闸管	Q_1	MCR100-6

图 3-16 简易自动照明装置主要元器件

2. 制作步骤

(1)光敏电阻的检测。

① 用一张黑纸片将光敏电阻的透光窗口遮住,此时万用表的指针基本保持不动,阻值接近无穷大。此值越大说明光敏电阻性能越好。若此值很小或接近为零,说明光敏电阻已烧穿损坏,不能再继续使用。

② 将一个光源对准光敏电阻的透光窗口,此时万用表的指针应有较大幅度的摆动,阻值明显减小,此值越小说明光敏电阻性能越好。若此值很大甚至无穷大,表明光敏电阻内部开路损坏,也不能再继续使用。

③ 将光敏电阻透光窗口对准入射光线，用小黑纸片在光敏电阻的遮光窗上部晃动，使其间断受光，此时万用表指针应随黑纸片的晃动而左右摆动。如果万用表指针始终停在某一位置不随纸片晃动而摆动，说明光敏电阻的光敏材料已经损坏。

（2）二极管的极性判断。

二极管具有单向导电特性，即正向电阻很小，反向电阻很大。利用万用表检测二极管正、反向电阻值，可以判别二极管电极极性，同时还可判断二极管是否损坏。

将万用表置于 R×100 挡或 R×1k 挡，红、黑表笔分别接二极管的两个电极，测出一个结果后，对调两支表笔，再测出一个结果。两次测量的结果中，测量出的较大的阻值为反向电阻，测量出的较小的阻值为正向电阻，此时说明二极管性能优良。在阻值较小的测量中，黑表笔接的是二极管的正极，红表笔接的是二极管的负极。若二极管正、反向电阻值都很大，说明二极管内部断路；反之，若阻值都很小，说明二极管内部有短路故障。此两种情况二极管都不能正常工作，需要更换二极管。

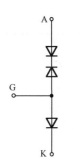

图 3-17　单向晶闸管等效电路

（3）晶闸管引脚极性。

单向晶闸管 MCR100-6 的引脚分别为阳极（A）、阴极（K）和控制极（G）。从等效电路上看，阳极与控制极之间是两个反极性串联的 PN 结，控制极与阴极之间是一个 PN 结，如图 3-17 所示。

根据 PN 结的单向导电特性，将万用表置于适当的电阻挡，测试极间正反向电阻。对于正常的可控硅，G、K 之间的正反向电阻相差很大；G、K 分别与 A 之间的正反向电阻相差很小，其阻值都很大。这种测试结果是唯一的，根据这种唯一性就可判定出可控硅的极性。用万用表 R×1k 挡测量可控硅极间的正反向电阻，选出正反向电阻相差很大的两个极，其中在所测阻值较小的那次测量中，黑表笔所接为控制极，红表笔所接的为阴极，剩下的一极就为阳极。判定可控硅极性的同时也可定性判定出可控硅的好坏。如果在测试中任意两极间的正反向电阻都变化很小或很大，则说明单向晶闸管被击穿损坏。

除此之外，对于单向晶闸管 MCR100-6，可以根据其固定引脚模式直接测量性能好坏，然后直接应用，如图 3-18 所示。

（4）设计自动照明装置电路布局。实物布局图如图 3-19 所示，供读者参考。

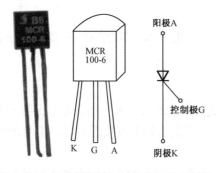

图 3-18　单向晶闸管 MCR100-6 的结构

图 3-19　实物布局图

（5）元器件焊接。

在焊接元器件时，要注意合理布局，先焊小元件，后焊大元件，防止小元件插接后掉下来的现象发生。

（6）焊接完成后先自查，然后请教师检查。如有问题，修改完毕后，再请教师检查。

（7）通电并调试电路。

给电路接上电源，若电路制作正确，在光线充足的环境下灯泡不亮，随着周围光线逐渐减弱达到一定程度时，灯泡点亮。通过调节电位器阻值的大小可以调节周围环境光线强弱，控制灯泡自动照明。在调试过程中可能出现的常见问题：①如果电路不工作，可能是单向晶闸管连接错误。②如果连接没有错误，但电路不工作，可能是因为周围环境太亮，需要有效遮挡光线。

3. 制作注意事项

在环境光线变化的情况下，需要重新调节电位器位置。

4. 完成实训报告

思考题

如果想实现在有光照下小灯泡点亮，无光照下小灯泡熄灭。该电路应如何改动？

阅读材料

日常生活中经常使用的光敏电阻主要有紫外光敏电阻、红外光敏电阻和可见光光敏电阻。

紫外光敏电阻：对紫外线较灵敏，包括硫化镉光敏电阻器、硒化镉光敏电阻器等，用于探测紫外线。例如比较受女士喜欢的防晒概念手机，如图 3-20 所示。只要在阳光下开启该功能，便可实时探测到当前户外紫外线指数，提醒外出的人做好防晒措施，同时还可以随时知道自己身上的防晒霜覆盖情况，实现精准防晒，让出游更有保障！还有曾风靡日本的测紫外线变色手机链，手机链本身是透明的，在太阳下就会变成紫色、粉色、黄色、蓝色等，紫外线越强，颜色越深，其主要功能就是测试紫外线的强弱。

图 3-20　防晒概念手机

红外光敏电阻：主要有硫化铅、碲化铅、硒化铅、锑化铟等光敏电阻，广泛用于导弹制导、天文探测、非接触测量、人体病变探测、红外光谱、红外通信等国防、科学研究和工农业生产中。

可见光光敏电阻：包括硒、硫化镉、硒化镉、碲化镉、砷化镓、硅、锗、硫化锌等光敏电阻，主要用于各种光电控制系统，如光电自动开关门户，航标灯、路灯和其他照明系统的自动亮灭，机械上的自动保护装置和"位置检测器"，极薄零件的厚度检测器，照相机自动曝光装置，光电计数器，烟雾报警器，光电跟踪系统等。

▼ 项目8　简易照度计的设计与制作 ▪ ▪ ▪ ▪

⬇ 任务引入

生产生活中有许多环境对光线强弱有特定要求的情况，例如，农业生产中的花卉培育（园丁可以根据照度计的显示调整花卉培育场所的光强，控制鲜花生长的周期）、家禽养殖等，这时通常会采用照度计来测量光照度，如图 3-21 所示为现代生活中常用的照度计，照度计的核心元件为光敏电阻。下面应用所学的知识来制作一个简易照度计，实现测量光照度的功能。

图 3-21　照度计

🔖 任务目标

掌握光敏电阻和电压比较器 LM339 的使用方法。

能够正确分析电路的工作过程。

培养学生对待工作和学习一丝不苟、严谨专注、精益求精的精神。

📋 原理分析

简易照度计通常用于对光照度测量要求不太精确的场合。本项目要制作的简易照度计电路主要由光敏电阻和 4 个电压比较器（LM339）组成，如图 3-22 所示。该电路的核心元件——光敏电阻的阻值会随着环境光强而变化，这样，4 个电压比较器的反相端电压值会跟随改变，电压比较器的同相端分别设置不同的比较电平，根据电压比较器的工作原理可知，当反相端的电位高于同相端电位时，输出低电平，对应的 LED 发光，指示照度的强度级别。例如，将该电路的传感器光敏电阻放置在 100lx、200lx、400lx、1000lx 的照度环境下，分别调节 RP_2、RP_3、RP_4、RP_5，使 LED_1、LED_2、LED_3、LED_4 刚好点亮为止。经过这样的处理后（该过程为电路的调试过程），该电路就可以使用了。将制作好的电路拿到不同的光强下，根据 LED 的指示，即可测量光照度的大概范围。

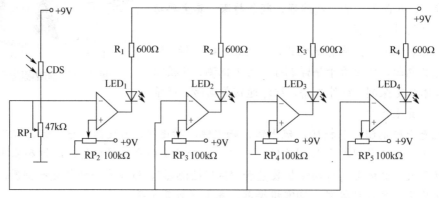

图 3-22　简易照度计原理图

任务实施

1. 准备阶段

制作这个电路所需的元器件见表 3-2。本电路的核心元件是光敏电阻，电路中集成块 LM339 的各引脚功能如图 3-23 所示，该电路主要元器件如图 3-24 所示。

表 3-2　简易照度计元器件清单列表

元　器　件		说　　明	元　器　件		说　　明
光敏电阻	CDS	5kΩ（暗电阻）	发光二极管	LED$_1$	$\phi 3 \sim \phi 5$
滑动变阻器	RP$_1$	47kΩ		LED$_2$	$\phi 3 \sim \phi 5$
	RP$_2$	100kΩ		LED$_3$	$\phi 3 \sim \phi 5$
	RP$_3$	100kΩ		LED$_4$	$\phi 3 \sim \phi 5$
	RP$_4$	100kΩ	限流电阻	R$_1$	600Ω
	RP$_5$	100kΩ		R$_2$	600Ω
运算放大器及引脚座		LM339		R$_3$	600Ω
				R$_4$	600Ω

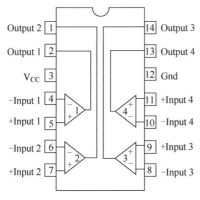

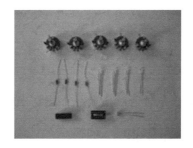

图 3-23　LM339 各引脚功能图　　　　图 3-24　简易照度计主要元器件

根据电路原理图结合实物完成简易照度计电路布局，并将布局结果画到右侧方框内。图 3-25 为实物布局图，供读者参考。

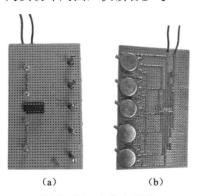

（a）　　　　（b）

图 3-25　实物布局图

提示：如果布局的效果是 4 个 LED 连成一条直线是最好的。

2．制作步骤

（1）元器件性能测试。

制作电路前需要测量元器件的好坏，本项目中需要注意的是 LED 的判断，当使用模拟万用表测量时，黑表笔输出为正，红表笔输出为负。

（2）元器件布局设计。

在布局专用纸上，每个小圆点代表万用板的焊盘，请在布局纸上设计电路布局图。

（3）元器件焊接。

元器件的焊接需要注意的是集成块焊接时只能焊上引脚座，不能带集成块一起焊接，否则可能损坏集成块。

（4）焊接完成后先自查，然后请教师检查。如有问题，修改完毕后，再请教师检查。

（5）通电并调试电路。

调试：给电路接上电源，制作这一电路需要注意的是四个用来调整运放同相端电位的电位器抽头与集成块连接处的处理，应尽量做到跳线少，不交叉。

常见问题：电路不工作，可能是因为集成块安装反了。

3．制作注意事项

（1）LED 的极性。

（2）$RP_1 \sim RP_4$ 的接法一致。

（3）LM339 集成电路的引脚排序。

（4）LM339 应在全部电路焊接完成并检查之后，再插入引脚座。

4．完成实训报告

 思考题

如果将光敏电阻换成一个暗电阻值为 100kΩ 的传感器，对电路会有什么影响？

五、光电池

光电池也称为太阳能电池，它的工作原理是基于光生伏特效应，即光照射在光电池上时，可以直接输出电动势及光电流。光电池的种类很多，主要的区别是材料与工艺。材料有硅、锗、硒、砷化镓等，其中，硅材料的光电池应用最广泛，这是因为硅光电池具有性能稳定、光谱范围宽、频率性好、传递效率

光电池的应用

高、能耐高温辐射和价格便宜等优点。

硅光电池的结构如图 3-26 所示，它实质上是一个大面积的硅半导体 PN 结，其基本材料为薄片 P 型单晶硅。在 N 型受光层上制作栅状负电极，并在受光面上均匀覆盖很薄的天蓝色一氧化硅膜（抗反射膜），提高对入射光的吸收能力。这种单晶硅光电池是目前应用最广泛的光电池。

光电池主要有两方面的应用：

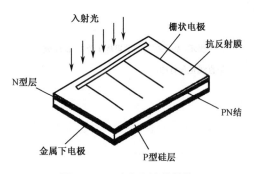

图 3-26　硅光电池的结构

（1）当作光伏器件使用。利用光伏作用直接将太阳能转换成电能，即太阳能电池。太阳能电池已经在航空航天、通信设备、太阳能发电站、交通事业和日常生活中得到了广泛的应用，如太阳能热水器等。随着太阳能技术的不断发展，它将在生产生活各个领域发挥更大的作用。

（2）当作光电转换器件使用。这类光电池需要特殊的制造工艺，主要用于光电检测和自动控制系统中。可作为光度计、照度计、烟度计等仪器的光信号接收原件，还可用于机床安全保护自动控制、自动计数、路灯自动开关等方面。需要光电池具有灵敏度高、响应时间短等特性，但不必需要像太阳能电池那样的光电转换效率。

▼ 项目9 光电池的应用 ▪▪▪▪▪

⬇ 任务引入

电池是生活中不可缺少的产品，从电动剃须刀到儿童玩具，从收音机到汽车，无一不用到电池。电池的种类有许多，如铅酸蓄电池、镍镉/镍氢电池、锂电池、锌锰电池等。

除了这些电池之外，还有另外一种不消耗化学能、更为环保的电池——光电池，如图3-27所示。

图3-28所示为可以在商店里看到的应用光电池的光电花和太阳能计算器。本项目中将利用光电池和七彩炫LED制作一个简易的七彩灯。

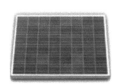

图3-27 光电池

图3-28 光电池的应用

🔖 任务目标

掌握光电池的工作原理及应用。

能够独立完成硬件电路的制作。

培养学生严谨求实的工作态度，吃苦耐劳、诚实守信的优秀品质。

📑 原理分析

光电池能将入射光的能量转换成电压和电流，属于光生伏特效应元件。光电池是一种自发式的光电元件，可用于检测光的强弱，以及能引起光强变化的其他非电量。目前应用最广泛的是硅光电池，它具有性能稳定、光谱范围宽、频率特性好、转换效率高、能耐高温辐射等优点。

硅光电池是以在一块N型硅片上用扩散的方法掺入一些P型杂质而形成的一个大面积

PN 结作为光照敏感面的，其结构及符号如图 3-29 所示。当光照射到 P 区表面时，P 区内每吸收一个光子便产生一个电子—空穴对，P 区表面吸收的光子最多，激发的电子—空穴对也最多，而越往内部则越少。这种浓度差便形成从表面向体内扩散的自然趋势。由于 PN 结内电场的方向是由 N 区指向 P 区的，它使扩散到 PN 结附近的电子—空穴对分离，光生电子被推向 N 区，光生空穴被留在 P 区，从而使 N 区带负电，P 区带正电，形成光生电动势。若用导线连接 P 区和 N 区，电路中就有光电流流过。

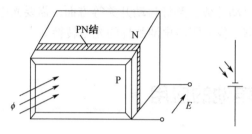

图 3-29　光电池结构及光电池符号

任务实施

1. 制作

该电路的制作过程非常简单。元器件及工具清单见表 3-3，本电路的核心元件是光电池，主要元器件是七彩炫 LED（图 3-30）。

表 3-3　元器件及工具清单

元器件及工具	元器件符号或实物图	备　　注
光电池		6V，30mA
发光二极管		七彩炫 LED
导线		$\phi 0.1$
焊枪		25～40W
焊锡		$\phi 0.5$

光电池的背面标有正负极，只要用导线将光电池与七彩炫 LED 连接到一起，电路就完成了。如果有鳄鱼夹子可以将夹子一头焊到光电池上，另一头夹在七彩炫 LED 上，效果是一样的。

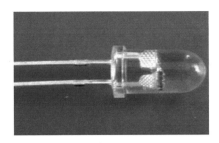

图 3-30　七彩炫 LED

发光二极管的种类有很多，建议大家在这里采用七彩炫 LED。七彩炫 LED 的工作原理是当二极管所加电压不同时，LED 发出的颜色就有所不同，一般的白光和蓝光 LED 点亮电压为 3.6V，红光为 1.8V，绿光为 2.2V。焊接好电路后，先将光电池遮挡，可以发现 LED 不亮，之后逐渐增加对光电池的光照强度，可以发现 LED 逐渐点亮。请根据实验写出 LED 发光的颜色顺序，并解释原因。

2. 调试

根据电路原理图可以直接制作出电路，将电池指向光源，观察七彩炫 LED 的变化，并记录下来。

当光线不足时，首先发红光，光线逐渐变强，发出的颜色逐渐增多（图 3-31）。如果只能看到三种颜色，那是因为该七彩炫 LED 外壳是透明的，需要用砂纸将外壳打磨一下，这样不同颜色混合而成的新颜色才能显现或出来。

图 3-31　七彩炫 LED 发光随光强变化

注意：（1）光电池的极性；

（2）LED 二极管的极性。

常见问题：二极管不亮，主要原因可能是光线不足或极性接反了。

提示：极性接反一般情况下不会损害二极管及光电池。

思考题

图 3-32 中有儿童戴的风扇帽、赛车、滑翔器、路灯、卫生间的烘手器，分析它们中哪个是利用光电池进行工作的？

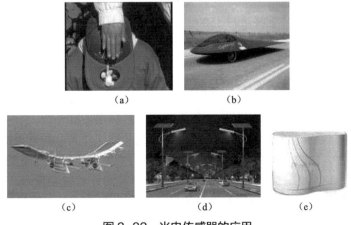

图 3-32　光电传感器的应用

阅读材料

太阳能电池的发展历史

从我国开始研制第一片晶体硅光伏电池以来，到现在已经走过了半个多世纪，中国的太阳能电池经历了从无到有、从空间到地面、由军到民、由小到大、由单品种到多品种以及光电转换效率由低到高的艰难而辉煌的历程。

1958年我国研制出第一块硅单晶，中科院物理新成立的半导体研究室正式开始研发太阳能电池；1969年天津18所为东方红二号、三号、四号系列地球同步轨道卫星研制生产太阳能电池阵；1975年宁波、开封先后成立太阳能电池厂，太阳能电池的应用开始从空间降落到地面；1986年国家计委在农村能源"1986-1990年第七个五年计划"中列出了《太阳电池》专题，全国6所大学和6个研究所开始进行晶体硅电池等的研究；2001年无锡尚德建立10MWp（兆瓦）太阳能电池生产线获得成功；2002年尚德第一条10MW太阳能电池生产线正式投产，一举将我国与国际光伏产业的差距缩短了15年；2005年无锡尚德太阳能电力公司在纽约证券交易所上市，成为了中国太阳能产业的加速器，国内太阳能电池的生产和研发驶入了快车道，拉开了中国多晶硅大发展的序幕；2008年，我国太阳能电池产量约占世界总产量的三分之一，连续两年成为世界第一大太阳能电池生产国。2005年-2015年我国发展逐渐开始注重可持续性和绿色发展，光伏产业整体进入快速发展阶段，太阳电池技术不断突破，许多企业通过上市融资的形式扩大发展规模；2015年至今全球光伏产业技术不断突破，行业市场化程度不断提高，产业发展愈发成熟，对太阳能电池行业的发展逐渐变成以市场需求为主导。

我国太阳能电池产量从2015年以来波动增长，2020年受疫情影响，行业产量增速也仅是较2019年小幅下降，2021年太阳能电池产量已达到23405.4万千瓦，累计增长42.1%，已超过2020年全年的数据。从太阳能电池出口情况来看，我国是光伏产业大国，2015-2021年太阳能电池出口数量逐年增加，尤其是2019年，行业出口快速增长。根据海关总署数据显示，2015年我国太阳能电池出口数量仅有63249万个，到了2019年增加到245273万个，较2018年同比增长120.23%。截至2021年12月，我国太阳能电池出口数量已经达到320121万个，累计增长17.6%，已超过2020年全年数量。

需求将推动中国太阳能电池行业产量持续快速增长，随着碳中和和碳达峰政策的落实以及全球对环保能源需求的快速增加，我国太阳能电池行业产量将继续保持高速增长，预计2027年，我国太阳能电池产量将达到85000万千瓦，年复合增速约30%。

红外传感器

六、红外传感器

红外传感器是一种能够感应目标辐射红外线，利用红外线的物理性质来进行测量的传感器。红外线又称红外光，具有反射、折射、散射、干涉、吸收等性质。自然界中的任何物体，只要其温度高于热力学零度（−273.15℃），都将以电磁波的形式向外辐射能量——红外线，物体温度越高，辐射出的能量越多，波长越短。例如，人体的体温为36～37℃，所放射的红外波长为9～10μm（属于远红外线区）；温度在400～700℃的物体，所放射的红外线波长为3～5μm（属于中红外线区）。

红外传感器测量时不与被测物体直接接触，不存在摩擦，具有灵敏度高，响应快等优点。目前已广泛应用于现代科技、国防、工农业和生活等领域。其主要应用可分为以下几个方面：①红外辐射计，用于辐射和光谱测量；②热成像系统，可产生整个目标红外辐射的分布图像；③红外测距和通信系统；④搜索和跟踪系统，用于搜索和跟踪红外目标，确定其空间位置并对它的运动进行跟踪；⑤混合系统，是指以各类系统中的两个或者多个的组合。

红外传感器一般由光学系统、探测器、信号调理电路及显示单元等组成。红外探测器是红外传感器的核心，是利用红外辐射与物质相互作用呈现的物理效应来探测红外辐射的，按探测机理不同，分为热探测器和光子探测器。

（1）热探测器（热电型）。

利用红外辐射的热效应，探测器的敏感元件吸收辐射能后引起温度升高，进而使某些有关物理参数发生变化，通过测量物理参数的变化来确定探测器所吸收的红外辐射。主要有热释电式、热敏电阻式、热电偶式等。

热释电式红外传感器是利用热释电效应而制作的红外传感器。所谓热释电效应，就是由于温度的变化而产生电荷的一种现象。近年来，热释电式红外传感器在家庭自动化、保安系统以及节能等领域应用广泛。图3-33为热释电型红外传感器。

图3-33　热释电红外传感器

（2）光子探测器（量子型）。

利用入射光辐射的光子流与探测器材料中的电子互相作用，从而改变电子的能量状态，引起各种电学现象。主要有光敏电阻、光电管、光电池等。量子型光子探测器与光电传感器原理相同。

▼ 项目10　红外遥控测试仪的设计与制作 ■■■■

⬇ 任务引入

在电视节目《动物世界》中，经常能看到夜间拍摄的动物的作息活动（图3-34），在漆黑的夜里，所拍摄动物的每一个细节都清晰可见，夜间拍摄是怎样实现的呢？在一些电影中经常看到对于一些价值不菲的物品，用一道难以察觉的防线进行严格看护，一旦有人入侵立刻报警。能实现上述这些功能应用的就是红外线。红外线是一种不可见光线，其波长超过红光的最大波长（0.76～400μm），具有光的反射及折射现象等物理特性。

🔖 任务目标

掌握红外传感器的工作原理和红外接收器的使用方法。

图3-34　红外摄影机

能够独立分析、制作硬件电路。

培养学生理论联系实际、严肃认真的学习态度和团队意识。

原理分析

日常生活中，我们都曾应用红外遥控器进行远、近距离遥控，如图 3-35 所示为红外遥控器，那么这些家用电器的遥控器、遥控玩具、车库遥控器等，是怎样实现远距离遥控的？本项目就将揭开远距离遥控的小秘密。红外线在实际应用中通常有两种类型：遮断式和反射式。发射器和接收器相对，当有红外光束产生，接收器接收到红外线而产生正的脉冲信号，这是遮断式。发射器和接收器同侧放置，当有红外光束产生，通过其他物体反射使接收器接收到红外线而产生正的脉冲信号，这是反射式。红外遥控测试仪电路主要应用红外线具有光沿直线传播的物理特性，是遮断式的实际应用。红外遥控测试仪主要由红外线发射端（即遥控器）和红外线接收端（即电视机接收头）组成。红外线发射端发射信号，由电视机接收头接收信号、输出信号，经三极管 VT 功率放大后使发光二极管 LED_1、LED_2 同时点亮，如图 3-36 所示为红外遥控测试仪电路原理图。

图 3-35　红外遥控器

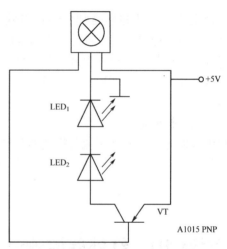

图 3-36　红外遥控测试仪电路原理图

任务实施

1. 准备阶段

制作红外遥控测试仪电路所需的元器件清单见表 3-4，本电路的核心元件是电视机接收头（即红外接收器），其各引脚功能如图 3-37 所示。主要元器件如图 3-38 所示。

表 3-4　红外遥控测试仪元器件清单列表

元　器　件		说　　明
遥控器		红外线发射
电视机接收头	A	红外线接收
发光	LED_1	$\phi 3 \sim \phi 5$
二极管	LED_2	
三极管	VT	PNP　A1015

2. 制作步骤

（1）本项目中需要注意的是 LED 和三极管 A1015 极性的判断。在项目 9 中已经介绍了 LED 极性的判断方式，本项目不再赘述。

1-output　2-GND　3-VCC

图 3-37　红外接收器引脚功能图

图 3-38　红外遥控测试仪主要元器件

PNP 型三极管 A1015 极性的判断同普通 PNP 型三极管判断方式相同。采用机械万用表的欧姆挡 R×100 或 R×1k 挡位，首先判别三极管时应先确认基极。对于 PNP 管，用红表笔接假定的基极，用黑表笔分别接触另外两个极，若测得电阻都小，约为几百欧～几千欧；而将黑、红两表笔对调，测得电阻均较大，在几百千欧以上，此时红表笔接的就是基极。通常小功率管的基极一般排列在三个引脚的中间，采用上述方法，分别将黑、红表笔接基极，同时可测定三极管的两个 PN 结是否完好。确定基极后，假设余下引脚之一为集电极 c，另一为发射极 e，用手指分别捏住 c 极与 b 极（用手指代替基极电阻 R_b）。同时，将万用表两表笔分别与 c、e 接触，若被测管为 PNP 型，则用红表笔接触 c 极、用黑表笔接 e 极（NPN 型管相反），观察指针偏转角度；然后设另一引脚为 c 极，重复以上过程，比较两次测量指针的偏转角度，大的一次表明电流 I_C 大，三极管处于放大状态，相应假设的 c、e 极正确。

在今后的电路应用中，读者可熟记三极管 A1015 引脚极性，如图 3-39 所示，直接应用。

（2）根据电路原理图结合实物完成红外遥控测试仪电路布局。实物布局图如图 3-40 所示，供读者参考。

e c b

图 3-39　三极管 A1015 引脚极性

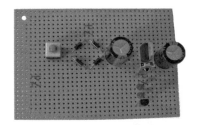

图 3-40　实物布局图

（3）元器件焊接。

在焊接元器件时，要注意合理布局，先焊小元件，后焊大元件，防止小元件插接后掉下来的现象发生。

（4）焊接完成后先自查，然后请教师检查。如有问题，修改完毕后，再请教师检查。

（5）通电并调试电路。

本电路结构简单无须过多调试，电路连接无误即可通电试验电路功能。调试过程中常见问题：①电路不工作，可能是因为元器件连接错误；②三极管发热，可能是因为引脚接错。

3. 制作注意事项

（1）LED 的极性。

（2）三极管的极性。

（3）接收头的极性。

4. 完成实训报告

 思考题

如果电路中应用红外线反射式，对电路有什么影响？怎样实现？

 **阅读材料**

红外感应水龙头

红外传感器在生活中应用极广，它不仅为人们的生活带来了诸多便利，还在农业、国防、工业等领域应用发挥着重大作用。生活中常用的感应水龙头、自动干手器、感应坐便器、感应小便斗冲水器等都应用了红外传感器技术。

红外线感应水龙头是通过红外线反射原理，当人体的手放在水龙头的红外线区域内，红外线发射管发出的红外线由于人体手的遮挡反射到红外线接收管，通过集成线路内的微电脑处理后，将信号发送给脉冲电磁阀，电磁阀接受信号后按指定的指令打开阀芯来控制水龙头出水；当人体的手离开红外线感应范围，电磁阀没有接受信号，电磁阀阀芯则通过内部的弹簧进行复位来控制水龙头的关水。

主要特点：1.智能节水：自动感应控制开、关，将手或盛水容器、洗涤物品伸入感应范围内，龙头即自动出水，离开后即停止出水；2. 超时保护：30 秒超时洗涤自动关水功能；3、方便卫生：开关水完全由感应器自动完成，人手无需接触水龙头，有效避免细菌交叉感染；4. 智能省电：采用现代数字技术，超低能耗；5. 适应性强：可根据不同的使用环境调整感应灵敏度；6. 维护方便：内置过滤器，避免杂质流入电磁阀影响正常工作，且清洗方便；7. 适用场所：高当酒店、宾馆、写字楼、机场等公共场所。

 思政课堂

有一种速度叫中国速度，从我国高铁、航天、通信……的飞速发展，让我们感受到了"稳中有急，静中有争"的中国速度。中国近些年的发展速度在世界上是首屈一指的，从基础设施建设、军备研发、经济腾飞和科技创新等方面都让我们感受到了民族的自豪感。下面就让我们看看我国光电传感器的快速发展，也请同学们查一查它在各个领域中的应用吧！

发展历程		分类	应用领域
起步阶段（1970 年—2000 年）	光电传感器	红外传感器	医学：
国家大力投资传感器技术研发建设，建立"传感技术国家重点实验室"及"国家传感技术工程中心"在内的多个技术研究开发基地，促进光电传感器技术不断突破。			军事：
			其他：
快速发展阶段（2001 年—2015 年）		可见光传感器	节能控制：
国家出台多种政策为光电传感器行业提供技术研发动力及巨大市场开发空间，推动行业快速发展，开发出新一代高、精、尖传感器产品，形成较完善的产业链。			背光调节：
			仪器仪表：
			其他：
智能化发展阶段（2016 年至今）		紫外线传感器	医学：
随着智能交通、智能家居、智能工业生产等物联网应用领域加速发展，光电传感器开始向小型化、集成化、智能化及系统化发展，为适应新时代要求，进入智能化发展阶段。			军事：
			其他；
		X 射线传感器	医学：
			教学：

第四章 气体传感器

现代生产生活中排放的气体日益增多，这些气体中有些是易燃、易爆气体，如氢气、煤矿瓦斯、天然气、液化石油气等；有些是对人体有害的气体，如一氧化碳、氨气等。为了保护人类赖以生存的自然环境，防止不幸事故的发生，需要对各种有害、可燃性气体在环境中存在的情况进行有效的监控。

气体传感器是一种将检测到的气体的成分与浓度转换为电信号的传感器。根据这些电信号的强弱，可以获得与待测气体在环境中存在情况有关的信息，从而可以进行检测、监控、报警，还可以通过接口电路与计算机组成自动检测、控制和报警系统。

接触燃烧型
气体传感器

目前，市场上的气体传感器主要有接触燃烧型气体传感器、热传导式气体传感器、电化学式气体传感器、半导体气体传感器。

1. 接触燃烧型气体传感器

接触燃烧型气体传感器是利用与被测气体（可燃性气体）发生化学反应时产生的热量与气体浓度的关系进行检测的传感器。这种传感器一般应用于石油化工、造船厂、矿山及隧道等场所，用来检测可燃性气体的浓度及防止危险事故的发生。图4-1为接触燃烧型气体传感器的结构、电路及实物。

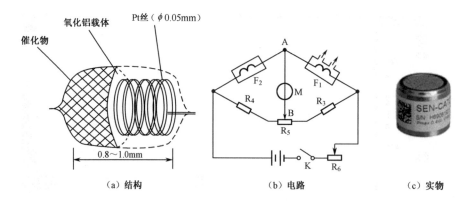

（a）结构　　　　　　　　　（b）电路　　　　　　　　（c）实物

图4-1　接触燃烧型气体传感器

接触燃烧型气体传感器的敏感元件是用高纯度的铂丝绕制成的线圈，传感器工作时，铂丝先起加热作用，可燃性气体一旦与预先加热的传感器表面相接触，就会发生燃烧现象，这时传感器的温度上升，铂丝线圈的电阻值增大。如果气体浓度较低，而且是完全燃烧的，则铂丝电阻的变化与温度的变化呈正比。接触燃烧型气体传感器的工作电路一般接成电桥型。图 4-1（b）中 F_1 是检测元件，F_2 是补偿元件，其作用是补偿可燃性气体接触燃烧以外的环境温度、电源电压变化等因素所引起的偏差。工作时，要求在 F_1 和 F_2 上保持 $100\sim200mA$ 的电流通过，以供可燃性气体在检测元件 F_1 上发生接触燃烧所需要的热量。当检测元件 F_1 与可燃性气体接触时，由于剧烈的氧化作用（燃烧），释放出热量，使得检测元件的温度上升，电阻值相应增大，桥式电路不再平衡，在 A、B 间产生电位差。

接触燃烧型气体传感器价格低廉、精度高、但灵敏度较低，适合于检测可燃性气体，不适合检测像一氧化碳这样的有毒气体。

2. 热传导式气体传感器

热传导式
气体传感器

热传导式气体传感器主要用来检测混合气体中的氢气、二氧化碳、二氧化硫等气体的含量或上述气体中杂质的含量。在流动的空气中放入一些比气体温度高的物体，气体会从物体中吸取热量。气体的热传导率（材料直接传导热量的能力称为热传导率，或称热导率）越大，吸收的热量也越多。假如导热系数以空气为基准，则氢气相对空气的导热系数为 7.15，氧气为 1.013，二氧化碳为 0.605。由此可以看出氢气是热的良导体，而二氧化碳是热的不良导体。热传导式气体传感器就是用这样的原理来对气体的浓度进行测量的。图 4-2 为热传导式气体传感器。热传导式气体传感器经常被用来检测海上运输石油的船只，以确保运输的安全。

图 4-2　热传导式气体传感器

3. 电化学式气体传感器

电化学式
气体传感器

电化学式气体传感器，主要利用两个电极间的化学电位差，一个在气体中测量气体浓度，另一个是固定的参比电极。电化学式气体传感器采用恒电位电解方式和伽伐尼电池方式工作。有液体电解质和固体电解质，而液体电解质又分为电位型和电流型。电位型是利用电极电势和气体浓度之间的关系进行测量；电流型采用极限电流原理，利用气体通过薄层透气膜或毛细孔扩散作为限流措施，获得稳定的传质条件，产生正比于气体浓度或分压的极限扩散电流。

电化学式气体传感器有两电极和三电极结构，主要区别在于有无参比电极。两电极 CO 传感器没有参比电极，结构简单，易于设计和制造，成本较低适用于低浓度 CO 的检测和报警；三电极 CO 传感器引入参比电极，使传感器具有较大的量程和良好的精度，但参比电极的引入增加了制造工序和材料成本，所以三电极 CO 传感器的价格高于两电极 CO 传感器，主要用于工业领域。两电极 CO 传感器主要由电极、电解液、电解液的保持材料、除去干涉气体的过滤材料、引脚等零部件组成。

电化学式气体传感器按照工作原理一般分为：①在保持电极和电解质溶液的界面为某恒电位时，将气体直接氧化或还原，并将流过外电路的电流作为传感器的输出；②将溶解于电解质溶液并离子化的气态物质的离子作用与离子电极，把由此产生的电动势作为传感器输出；③将气体与电解质溶液反应而产生的电解电流作为传感器输出；④不用电解质溶液，而用有机电解质、有机凝胶电解质、固体电解质、固体聚合物电解质等材料制作传感器。

各种电化学式气体传感器介绍见表 4-1。

表 4-1　各种电化学式气体传感器

种类	现象	传感器材料	特点
恒电位电解式	电解电流	气体扩散电极、电解质水溶液	通过改变气体电极、电解质水溶液、电极电位等可测量 CO、H_2S、HO_2、SO_2 等
离子电极式	电极电位变化	离子选择电极、电解质水溶液、多孔聚四氟乙烯膜	选择性好，可测量 NH_3、HCN、H_2S、SO_2、CO_2 等
电量式	电解电流	贵金属正负电极、电解质水溶液、多孔聚四氟乙烯膜	选择性好，可测量 Cl_2、NH_3、H_2S 等
固体电解质	测定电解质浓度差产生的电势	固体电解质	适合低浓度测量、需要基准气体、耗电，可测量 CO_2、HO_2、H_2S 等

半导体式气传感器

4. 半导体气体传感器

气体传感器可以检测有毒气体或是酒精等各种气体。其检测方式虽然有很多，但是基于使用时的方便程度和使用寿命等因素的考虑，半导体气体传感器应用得最为普遍。

半导体气体传感器是利用由于气体吸附而使半导体本身的电阻值发生变化这一特性制作的传感器，常用的半导体有氧化锡、氧化锌和氧化铁。半导体气体传感器具有结构简单、使用方便、工作寿命长等特点，多用于气体的粗略鉴别和定性分析。对于某些危害健康，容易引起窒息、中毒或易燃易爆的气体，最应引起注意的是这类有害气体的有无或其含量是否达到危险程度，并不一定要求精确测定其成分，因此廉价、简单的半导体气体传感器恰恰满足了这样的需求。半导体气体传感器一般不用于对气体成分的精确分析，而且这类敏感元件对气体的选择性比较差，往往只能检查某类气体存在与否，不一定能确切分辨出是哪一种气体。图 4-3 为各种气体传感器。半导体气体传感器的分类见表 4-2。

图 4-3　各种气体传感器

电阻型气体传感器一般由三部分组成：敏感元件、加热器和外壳。按其制作工艺来分有烧结型、薄膜型和厚膜型三种，目前应用最广泛的是烧结型。

表 4-2　半导体气体传感器的分类

	主要物理特性	类　　型	检测气体	气　敏　元　件
电阻型	电阻	表面控制型	可燃性气体	氧化锡、氧化锌等的烧结体、薄膜、厚膜
		体控制型	酒精、可燃性气体、氧气	氧化镁、氧化锡、氧化钛（烧结体）

续表

主要物理特性	类　型	检 测 气 体	气 敏 元 件
二极管整流特性	表面控制型	氢气、一氧化碳、酒精	铂-硫化镉 铂-氧化钛 （金属—半导体结型二极管）
晶体管特性		氢气、硫化氢	铂栅、钯栅 MOS 场效应晶体管

※ 左上角第一列跨两行为"非电阻型"

5. 通用型气体传感器

通用型气体传感器的工作原理是周围的环境气氛中如果存在还原性气体成分，测气探头的电阻值就会下降，这样就可以检测出各种还原性气体。典型的通用型气体传感器有 MQ 系列。图 4-4～图 4-7 为各种气体传感器。常用的 MQ 系列传感器型号及应用领域见表 4-3。

MQ-2、MQ-5、MQ-6 是典型的通用型气体传感器，主要用来检测可燃性气体、瓦斯气体及液化气，用户可以通过其侧边上的标识获知该传感器的型号，如图 4-4 所示为瓦斯气体传感器。

MQ-3 为酒精气体传感器，主要用来检测酒精类的有机溶液，可以应用于机动车驾驶人员是否酗酒及其他严禁酒后作业人员的现场检测或是用于乙醇蒸汽的检测。MQ-3 对乙醇蒸汽有很高的灵敏度和良好的选择性，且可靠稳定、使用寿命长。

图 4-4　瓦斯气体传感器 MQ-5

图 4-5　酒精气体传感器 MQ-3

图 4-6　一氧化碳气体传感器 MQ-7

图 4-7　氢气气体传感器 MQ-8

表 4-3　常用的 MQ 系列传感器型号及应用领域

型号	应用领域
MQ-2	用于家庭和工厂的气体泄漏监测装置。适宜于液化气、丁烷、丙烷、甲烷、酒精、氢气、烟雾等探测
MQ-3	用于机动车驾驶人员及其他严禁酒后作业人员的现场检测；也用于其他场所乙醇蒸气的检测
MQ-4	用于家庭、工业的甲烷、天然气的探测装置
MQ-5	用于家庭或工业上对液化气、天然气、煤气的监测装置。优良的抗乙醇、烟雾干扰能力
MQ-6	用于家庭或工业上对 LPG、丁烷、丙烷、LNG 的检测。优良的抵抗乙醇蒸气、烟雾干扰能力
MQ-7	用于家庭或工业上对一氧化碳气体的监测装置
MQ-8	用于家庭或工业上对氢气泄漏的监测装置，可不受乙醇蒸气、LPG、油烟、一氧化碳等气体的干扰
MQ-9	用于家庭或环境的一氧化碳探测装置。适宜于一氧化碳、煤气、液化石油气等的探测

6. 耗电量小的省电型厚膜气体传感器

利用厚膜印刷技术可以实现气体传感器的小型化，由此可以降低加热器（位于传感器的内侧）的耗电量。

在一块基片上形成多种气体传感器的复合传感器，能够达到利用一个传感器检测多种气体的目的。用这种方法可以工业化生产高精度的传感器。

▼ 项目11　酒精检测仪的设计与制作 ▪▪▪▪

📥 任务引入

2008 年，世界卫生组织的事故调查显示，50%～60%的交通事故与酒后驾驶有关，酒驾已经被列为车祸致死的主要原因。酒后驾车的危害触目惊心，已经成为交通事故的第一大"杀手"（图 4-8）。怎样判别酒后驾驶？按照规定，驾驶人员血液中的酒精含量大于或等于 20mg/100mL、小于 80mg/100mL 即为酒后驾车。

酒精检测仪是专门为警察设计的一款执法用检测工具。通过它可以检测驾驶员呼出气体中酒精含量的多少，执勤警察可用来对驾驶员的饮酒程度进行判断，有效减少重大交通事故的发生。如图 4-9 所示为日常生活中使用的酒精检测仪。

图 4-8　因酒驾被开罚单　　　　　　　　　图 4-9　酒精检测仪

👤 任务目标

掌握 MQ-3 的工作原理及典型应用电路。

能够正确分析酒精检测仪电路的工作过程。

培养学生认真细致、积极探索的工作态度和工作作风。

📑 原理分析

本项目，将制作一个酒精检测仪电路，可以用来判别驾驶员是否酒后驾驶。电路中采用酒精气体传感器 MQ-3 作为敏感元件，若检测到酒精气味，则气体传感器 MQ-3 引脚 A—B 间电阻变小，电位器 RP 的滑动端电位升高。通过集成驱动器 IC 对信号进行比较放大，从而驱动发光二极管显示。气体传感器的输出电压信号送至集成驱动器 IC 的输入端 5 脚，通过比较放大，当电压信号的电位高于输入端 5 脚的电位时，输出高电平，对应的 LED

发光，指示当前酒精的浓度级别。例如，将该电路的气体传感器分别放置在白水、啤酒、白酒、黄酒的浓度环境下，将它们靠近酒精气体传感器，通过 LED 点亮的多少可以知道酒精浓度大小的大概范围：LED 点亮越少，酒精浓度越低；LED 点亮越多，酒精浓度越高。酒精检测仪电路如图 4-10 所示。

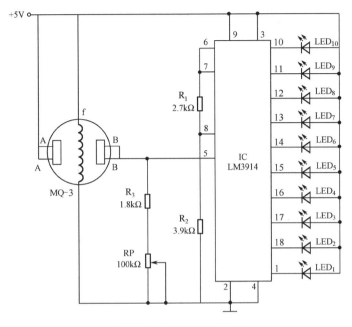

图 4-10　酒精检测仪电路

📋 任务实施

1．准备阶段

制作酒精检测仪电路的元器件清单见表 4-4，本电路的核心元件是气体传感器 MQ-3，电路中集成块 LM3914 是美国国家半导体公司生产的 LED 条图驱动器，采用 18 脚双列直插式，电源电压范围是 3～25V，主要包括 1.25V 基准电压 E0、10 个电压比较器，其各引脚功能如图 4-11 所示。电路主要元器件如图 4-12 所示。

表 4-4　酒精检测仪元器件清单

元 器 件		说 明
气体传感器	Q	MQ-3
集成驱动器	IC	LM3914
电阻	R_1	2.4kΩ
	R_2	18kΩ
	R_3	2.7kΩ
发光二极管	LED_1	$\phi 3 \sim \phi 5$
	LED_2	
	LED_3	
	LED_4	
	LED_5	
	LED_6	

续表

元 器 件		说 明
发光二极管	LED$_7$	$\phi 3 \sim \phi 5$
	LED$_8$	
	LED$_9$	
	LED$_{10}$	
电位器	RP	100kΩ

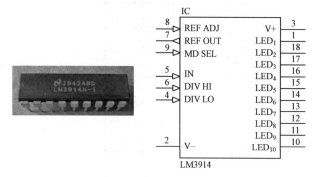

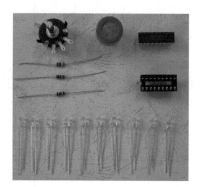

图 4-11　LM3914 引脚功能　　　　图 4-12　酒精检测仪主要元器件

2. 制作步骤

（1）气体传感器 MQ-3 的测量。

气体传感器 MQ-3 的结构图如图 4-13 所示，由微型 Al$_2$O$_3$ 陶瓷管、SnO$_2$ 敏感层、测量电极和加热器构成。敏感元件固定在由塑料或不锈钢制成的腔体内，加热器为气敏元件提

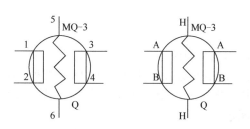

图 4-13　气体传感器 MQ-3 结构图

供了必要的工作条件。封装好的气敏元件有 6 只针状引脚，其中四个用于信号取出（引脚 1、2、3、4），两个用于提供加热电流（引脚 5、6）。其中引脚 A 功能相同，引脚 B 功能相同，引脚 H 功能相同。

对于气体传感器 MQ-3，测量前首先要搭接标准测量回路，该测量回路由两部分组成，如图 4-14 所示。一部分为加热回路，加热器电阻为 33Ω±5%，由稳定的交流或直流电源供电，电源电压为 5±0.1V。另一部分为信号输出回路，信号从 R_L 的两端输出，其中 R_L=200kΩ。将连接好的电路置于检测环境下，用万用表测量 R_L 两端电压可以发现数值的变化，由此可以准确反映传感器表面电阻的变化。

气体传感器 MQ-3 所使用的气敏材料是在清洁空气中电导率较低的二氧化锡（SnO$_2$）。当传感器所处环境中存在酒精蒸气时，传感器的电导率随空气中酒精气体浓度的增加而增大。使用简单的电路即可将电导率的变化转换为与该气体浓度相对应的输出信号。气体传感器 MQ-3 对酒精的灵敏度高，可以抵抗汽油、烟雾、水蒸气的干扰。这种传感器可检测多种浓度酒精气体，是一款适合多种应用的低成本传感器。

（2）酒精检测仪电路布局设计（请将布局图画在布局用纸上）。实物布局图如图 4-15 所示，供读者参考。

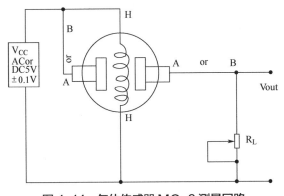

图 4-14　气体传感器 MQ-3 测量回路

图 4-15　实物布局图

（3）元器件焊接。

在焊接元器件时，要合理布局，需要注意的是焊接集成块时只能先焊上引脚座，不能带集成块一起焊接，否则可能损坏集成块。先焊小元件，后焊大元件，防止小元件插接后掉下来的现象发生。

（4）焊接完成后先自查，然后请教师检查。如有问题，修改完毕后，再请教师检查。

（5）通电并调试电路。

给电路接上电源，电路制作正确时，发光二极管 LED 灯全不亮，不发生冒烟等异常现象。将含有一定浓度酒精气体的物品靠近气体传感器 MQ-3，发光二极管 LED_1 灯亮，随着酒精气体浓度的不断增加，LED 灯依次点亮。

若电路不工作，主要是因为集成块安装反了或者气体传感器 MQ-3 接错了；若电路中个别发光二极管 LED 灯不亮，则可能是阴阳极接错了。

3. 制作注意事项

（1）气体传感器工作电压要达到 5V 以上，否则传感器不工作，因此电压一定要调节到位。

（2）保证发光二极管 LED 灯的极性的正确性。

（3）集成块的引脚顺序正确，在电路完成之前不要将集成块插入引脚座。

（4）气体传感器 MQ-3 的引脚。

4. 完成实训报告

思考题

在电路中，电位器 RP 的作用是什么？如果换成小阻值的电位器对电路有什么影响？如果换成大阻值的电位器对电路又有什么影响？

阅读材料

中国台湾学生发明可测酒精度的摩托车安全帽

中国台湾一所学校在科技展中推出了多项防止和应对意外事故的小发明，其中最引人注目的是可以测酒精度的摩托车安全帽，帽后还加装了方向及刹车灯。

据媒体报道，该安全帽集成了标定摩托车发生意外事故正确位置的"GPS 卫星定位"，紧急发出事故求援信号的"卫星传输信息"，以及主动通知酒精浓度超过标准值驾驶员的家人、预防酒后驾车发生车祸的"酒精浓度检测及通报系统"等功能，使得小小一顶摩托车安全帽扮演起全方位守护神的角色。

▼ 项目12　瓦斯报警器的设计与制作 ▪▪▪▫

📥 任务引入

人类生活中离不开火，直到今天煤气罐、炉子、天然气仍为家庭生活所常用，然而煤气中毒、煤矿瓦斯爆炸屡见不鲜，为了防止这类惨剧的发生，技术人员发明了瓦斯报警装置，如图4-16所示。瓦斯报警器电路应用的传感器是气体传感器MQ-5或MQ-6。本项目将制作一个瓦斯报警器。

图4-16　瓦斯报警器

👤 任务目标

掌握MQ-5的工作原理及应用电路。

能够正确分析瓦斯报警器电路的工作过程。

培养学生理论联系实际，自主学习、努力创新的良好习惯。

📋 原理分析

图4-17所示为要制作的瓦斯报警器电路，该电路中，由气敏元件MQ-5和电位器RP组成气体检测电路，时基电路555和其外围元件组成多谐振荡器。当无瓦斯气体时，气敏元件A、B间的电导率很小，电位器RP滑动触点的输出电压小于0.7V，时基电路555的4脚被强行复位，振荡器处于不工作状态，扬声器不发出响声。当周围空气中有瓦斯气体时，A、B间的电导率迅速增加，时基电路555的4脚变为高电平，振荡器电路起振，扬声器发出报警声，提醒人们采取相应的措施，防止事故的发生。

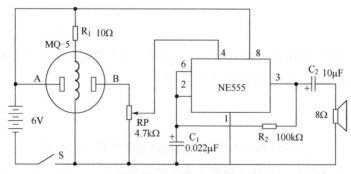

图4-17　瓦斯报警器电路原理图

任务实施

1. 准备阶段

制作这个电路所需的元件清单见表 4-5。其散件图片如图 4-18 所示，本电路的核心元件是气体传感器 MQ-5，主要元器件是时基电路 555，其中，时基电路 555 的各引脚功能如图 4-19 所示。

表 4-5　瓦斯报警器电路元件清单

元　器　件		说　　明
气体传感器	Q	MQ-5
滑动变阻器	RP	4.7kΩ
IC		NE555
电阻	R_1	10Ω
	R_2	100kΩ
电容	C_1	0.022 μF
	C_2	10μF
扬声器		8Ω25W

图 4-18　瓦斯报警器电路散件

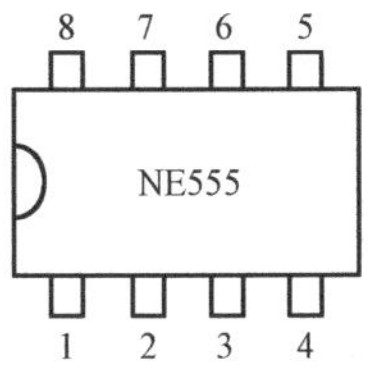

1号引脚	地	5号引脚	控制电压
2号引脚	触发	6号引脚	门限电压（阈值电压）
3号引脚	输出	7号引脚	放电
4号引脚	复位	8号引脚	电源

图 4-19　时基电路 555 各引脚功能

2. 制作步骤

（1）气体传感器测量。

在使用元器件前，通常都会对主要元器件进行好坏的测量，那么，如何来测量气体传感器的性能呢？

气体传感器的测量不能仅通过一块万用表或是单一的工具完成。在测量前首先要搭接标准测试回路，该测量回路由两部分组成，如图 4-20 所示：一部分为加热回路，加热器电阻为 33Ω±5%，由稳定的交流或直流电源供电，电源电压 $U_H=5\pm0.1V$；另一部分为信号输出回路，它由传感器表面电阻（A、B 之间的电阻）和外接负载电阻 R_L 及电源 U_C 串联而成，规定 $U_C=10V$，也要求用稳定的交流或直流电压。

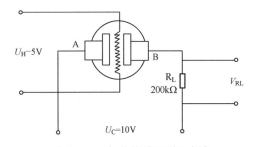

图 4-20　气体传感器测量电路

信号从 R_L 的两端输出。将连接好的电路置于检测环境下，用万用表测量 R_L 两端电压可以发现数值的变化（图 4-21），由此可以准确反映传感器表面电阻的变化。

（2）瓦斯报警器电路布局设计（请将布局图画在布局设计用纸上）。

实物布局图如图 4-22 所示，供读者参考。

（3）元器件焊接。

焊接集成块时，只能焊上引脚座，不能带集成块一起焊接，否则可能损坏集成块。除此之外，焊接时要先焊小元件，后焊大元件，防止小元件插接后掉下来的现象发生。

图 4-21　万用表测量 R_L 两端电压

图 4-22　实物布局图

（4）焊接完成后先自查，然后请教师检查。如有问题，修改完毕后，再请教师检查。

（5）通电并调试电路。

给电路接上电源，当电路制作正确时，首先能听到扬声器报警的声音，如没有响声或声音不大，可以通过转动电位器旋钮进行调节，如有以上现象说明时基电路 555 及其外围电路安装正确。将电路调节到扬声器刚好不工作的状态（也就是只要稍稍旋动一点电位器按钮，扬声器就工作）接下来可以用打火机中的天然气进行电路测试，微微按动打火按钮，释放出一定气体给 MQ-5，就可以听到扬声器报警的声音了。

注意：气体传感器的工作电压要达到 5V 以上，否则传感器不工作，因此电压一定要调节到位。调节电路时，在接好电源的前提下，首先调节电位器，使扬声器发出响声，其次转动电位器旋钮，使扬声器刚好停止报警，最后将电路置于有瓦斯气体的环境中。

3. 制作注意事项

（1）气敏元件的极性。

（2）电解电容的极性。

（3）时基电路 555 的引脚排序。

（4）在全部电路焊接完成并检查之后，将时基电路 555 插入引脚座。

4. 完成实训报告

常见问题：无报警，可能是因为集成块安装反了。

思考题

如果将 MQ-5 换成 MQ-6 会对电路产生什么影响？

阅读材料

近些年来，我们可以看到气体传感器在智能家居、可穿戴设备、智能移动终端等领域的应用需求迅速增长。细分来看，在工业节能、环境监测、智慧家居、医疗健康等各方面都有广泛应用。

目前气体传感器的细分市场包括：

消费类市场：主要集中在消费终端产品中，包括智能家居、可穿戴设备和智能手机。

环境监测市场：用于监测空气质量和污染情况的气体传感器。

暖通空调市场：用于室内/车内空气质量监测的气体传感器。

交通运输市场：用于汽车尾气测量或重型车辆发动机控制的气体传感器。

医疗市场：在治疗护理时，用于呼吸分析的气体传感器，如呼吸机。

国防和工业安全市场：在工业和国防领域，生产制造过程所产生的有害气体监测。

车用气体传感器发展空间大

车用传感器的种类非常多，而车用气体传感器是其中最重要的组成部分。据不完全统计，汽车发动机所用的传感器中，气体传感器数量占比超过50%，大种类达到5-6个。保守估计，我国每年需要超过2亿个氧传感器、1000万个氮氧传感器、500万个颗粒物传感器。在汽车智能化、自动化的势头下，车用气体传感器正处于飞速发展的风口。

车用气体传感器是汽车尾气处理系统中的关键零部件，作为汽车电子控制系统的信息来源，它决定着汽车排放物的控制水平，在降低排放污染、提高能源使用率等方面有着重要作用。

从外部环境来看，汽车尾气中含有氮氧化物、颗粒物、碳氢化合物等不同物质，因此需要不同的传感器对其进行检测，以提高汽车燃油的燃烧效率和能源转化率，减少污染性气体排放。目前在汽车上使用的气体传感器主要有氮氧化物传感器、氨气传感器和颗粒物传感器等。

从内部环境看，车内空气质量成为消费者买车时的重要考虑因素之一。早在2011年，国家环保部和国家质量监督检验检疫总局联合发布了《乘用车内空气质量评价指南》（GB/T 27630-2011），自2012年3月1日正式实施。车内的甲苯、二甲苯、乙苯、苯乙烯、甲醛等有害气体，都可以通过相应的气体传感器来进行检测

新能源汽车有广阔的市场前景，有国家政策的大力支持，是未来汽车工业可持续化发展的重要方向。氢能和燃料电池技术是全球汽车与能源产业转型升级的重要突破口。

从安全角度看，针对新能源汽车的燃气检测、氢气检测和电池泄漏检测，都需要传感器的助益。

在我国实行机动车国六排放标准的背景下，国内汽车工业对于汽车节能减排的要求日趋严格。作为汽车节能减排的关键零部件，除了广阔的市场，对气体传感器的技术指标、成本控制提出了更高、更具体的要求。要求传感器在极端环境（高低温度、湿度、振动、电负荷、EMC等）下能够可靠运行。传感器的灵敏度、响应速度、重复性、测量准确性、高可靠性、低成本等等这些都是国内传感器企业努力的方向。可喜的是，国内企业在这一领域已取得突破，打破了国外垄断。

第五章　湿度传感器

**湿度及湿度
表示方式**

湿度是表示空气中水蒸气多少的物理量，常用绝对湿度、相对湿度、露点等表示。绝对湿度表示的是单位体积中水蒸气的质量，单位为克每立方米（g/m^3）。与绝对湿度对应的是相对湿度。相对湿度 H 是用空气中的水蒸气压力 P 与相同空气中、相同温度下饱和水蒸气的压力 P_S 之比来表示的，其关系式为 $H=P/P_S$，通常用百分比%RH 表示。相对湿度给出空气的潮湿程度，是一个无量纲的量。例如，当空气中所含有的水蒸气的压强相同时，在炎热的夏天中午，气温约35℃，人们并不感到潮湿，因为此时远未达到水蒸气饱和气压，物体中的水分还能够继续蒸发；

而在较冷的秋天，气温约15℃，人们却会感到潮湿，因为这时的水蒸气压已经达到过饱和，水分不但不能蒸发，而且还要凝结成水，所以将空气中实际所含有的水蒸气的密度 ρ_1 与同温度时饱和水蒸气密度 ρ_2 的百分比 $\rho_1/\rho_2×100\%$ 称为相对湿度，生活中衡量湿度的大小一般都用相对湿度。而露点是指大气中原来所含有的未饱和水蒸气变成饱和水蒸气所必须降低的温度值。当大气中的未饱和水蒸气接触到温度较低的物体时，就会使大气中的未饱和水蒸气达到或接近饱和状态，在这些物体上凝结成水滴，这种现象被称为结露，对电子设备和产品有害。结露传感器常应用于摄像机和传真机等设备上。结露传感器是在有露水凝结的高湿度场合下，能够感知到电阻值大幅度变化的传感器，可以在相对湿度为94%～100%的场合下使用。当相对湿度达到94%以上时，电阻值产生开关式的上升，因此可以高灵敏度而又准确地检测出结露状态。而且，在使用湿度传感器时，通常都是用交流电压供电；而在使用结露传感器时，可以用直流电压驱动，因此其驱动电路的特点就是结构简单。

什么是湿度传感器？湿度传感器有哪几种？各有什么用途？

湿度传感器是由湿敏元件和转换电路等组成，将环境湿度变换为电信号的装置。按传感器的输出信号又可分为电阻型、电容型、电抗型和频率型等，其中电阻型最多。按湿敏元件工作机理来分，可分为水分子亲和力型和非水分子亲和力型两大类，其中水分子亲和力型应用更为广泛；按材料分，可分为陶瓷型、有机高分子型、半导体型和电解质型等。但市场上的湿度传感器主要是按照探测功能分为以下三种。

**绝对湿度
传感器**

一、检测绝对湿度的绝对湿度传感器

绝对湿度传感器是使用微小的 PSB 热敏电阻作为感应元件的，因此具有高稳定性，可用于工业产品和小家电产品的湿度探测和控制元件（图 5-1～图 5-4）。HS-5、HS-6、HS-7 均为绝对湿度传感器。HS-5 型传感器可用于 200℃高温及恶劣的条件下。HS-5 由金属网罩覆盖，HS-6 由聚乙烯多孔罩代替网罩，而 HS-7 由金属网罩和多孔聚乙烯罩覆盖。绝对湿度传感器主要应用在烘干机等产品中。

图 5-1　芝浦 HS-5 系列绝对湿度传感器

图 5-2　芝浦 HS-6 系列绝对湿度传感器

图 5-3　芝浦 HS-7 系列绝对湿度传感器

图 5-4　绝对湿度传感器 CHS-1

二、检测相对湿度的相对湿度传感器

1. 电阻型相对湿度传感器

电阻型相对湿度传感器是一种通用型相对湿度传感器，通常情况下可使用的湿度范围都在 20%～95%。高耐水性的相对湿度传感器可以在 20%～100%的相对湿度下使用，即使是在农业塑料大棚和洗澡间的换风扇之类有露水凝结的环境条件下也可以使用。图 5-5 为电阻型相对湿度传感器。图 5-6 为电阻型相对湿度传感器模块 AM1001，将在项目 14 中向读者详细介绍。

图 5-5　电阻型相对湿度传感器

图 5-6　电阻型相对湿度传感器模块 AM1001

2. 电容型相对湿度传感器

高分子电容型相对湿度传感器是利用高分子材料（聚苯乙烯、聚酰亚胺、酪酸醋酸纤维等）吸水后，其介电常数发生变化的特性进行工作的，其结构及实物如图 5-7 所示。它是在绝缘衬底上制作一对平板金（Au）电极，然后在上面涂敷一层均匀的高分子感湿膜作为电介质，在表层以镀膜的方法制作多孔浮置电极（Au 膜电极），形成串联电容。由于高分

相对湿度传感器

子薄膜上的电极是很薄的金属微孔蒸发膜，水分子可以通过两端的电极被水分子薄膜吸附或释放，当高分子薄膜吸附水分后，因为高分子介质的介电常数（3～6）远远小于水的介电常数（81），所以介质中水的成分对总介电常数的影响比较大，使元件总电容发生变化，因此只要检测出电容即可测得相对湿度。

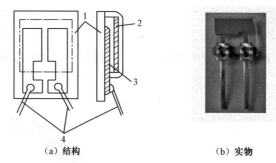

（a）结构　　　　　　　　　　　　（b）实物

1—微晶玻璃衬底；2—多孔浮置电极；3—高分子薄膜；4—电极引脚

图5-7　高分子电容型相对湿度传感器

由于电容型相对湿度传感器的湿度检测范围宽、线性好，因此很多湿度计都用它作为传感器件。

电容型相对湿度传感器是通过湿度改变电容介电常数的方式进行物理量转换的传感器（图5-8～图5-10）。例如，在农业上，以前经常手工判断玉米含水量，现在可以应用电容型相对湿度传感器将大量玉米放入两极板间，因为玉米含水量大，所以改变了介电常数，于是引起电容值的变化。

图5-8　电容型相对湿度　　　图5-9　电容型相对湿度　　　图5-10　电容型相对湿度
　　　传感器　　　　　　　　　　传感器模块电路1　　　　　　传感器模块电路2

3. 陶瓷型相对湿度传感器

一般来说，湿度传感器长时间处于高湿环境下，性能会劣化，为了能够进行可重复的、性能良好的相对湿度测量，必须定期进行清洁处理。陶瓷型相对湿度传感器的感湿材料通常采用由两种以上金属氧化物半导体材料（如 $ZnO-LiO_2-V_2O_5$ 等）混合烧结而成的多孔陶瓷。陶瓷型相对湿度传感器的感湿部位即使被污染，只要加热到几百摄氏度就可以达到清洁的目的，感湿部位就可以复原。

4. 氧化铝相对湿度传感器

氧化铝相对湿度传感器的突出优点是，体积可以非常小（用于探空仪的湿敏元件仅

90μm 厚、12mg 重），灵敏度高（测量下限达-110℃露点），响应速度快（一般在 0.3～3s），测量信号直接以电参量的形式输出，大大简化了数据处理程序等。另外，它还适用于测量液体中的水分。如上特点正是工业和气象中的某些测量领域所希望的。因此它被认为是进行高空大气探测可供选择的几种合乎要求的传感器之一。也正是因为这些特点使人们对这种传感器产生浓厚的兴趣。然而，遗憾的是尽管许多国家的专业人员为改进传感器的性能进行了不懈的努力，但是在探索生产质量稳定的产品的工艺条件，以及提高性能稳定性等与实用有关的重要问题上始终未能取得重大的突破。因此，到目前为止，传感器通常只能在特定的条件和有限的范围内使用。近年来，这种方法在工业中的低霜点测量方面开始崭露头角。

三、检测物体表面露水凝结的结露传感器

结露传感器是一种特殊的湿度传感器，与一般的湿度传感器的不同之处在于它对低湿不敏感，仅对高湿敏感，主要用于检测物体表面是否附着由水蒸气凝结成的水滴，所以，结露传感器一般不用于测湿度，而作为提供开关信号的结露信号器，用于自动控制或报警，如检测磁带录像机、照相机结露及汽车玻璃窗的除露等（图 5-11、图 5-12）。

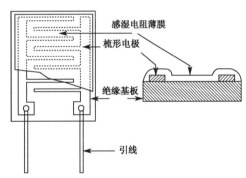

感湿电阻薄膜

梳形电极

绝缘基板

引线

图 5-11　结露传感器　　　　　　图 5-12　结露传感器结构

1. 结露传感器 HDP-07 简介

基于独特工艺设计的电阻元件，采用热硬化性树脂结构。结露传感器 HDP-07 在相对湿度为 93%RH 的时候，阻值会变得很大，适合作为湿度开关用。

2. 结露传感器 HDP-07 主要特性

（1）结露传感器体积小巧。

（2）反应时间快，线性好。

（3）供电电压：0.8V max(AC/DC)。

（4）结露传感器工作温度范围 0～60℃。

（5）输出：75%RH 20 kΩmax，93%RH 100 kΩmax 100%RH 200 kΩmax。

3. 结露传感器 HDP-07 应用领域

结露传感器主要应用在录像机、照相机、复印机等电子产品中。

项目 13　婴儿尿湿报警器的设计与制作 ▪ ▪ ▪ ▪

📥 任务引入

宝宝小的时候小便的次数很多，需要经常更换尿布，不然小屁股就会发红起湿疹，宝宝很

图 5-13　尿湿报警器

不舒服。但是宝宝小便的时间没有规律，常常查看的话又会影响宝宝睡眠，这可能是多数年轻妈妈的苦恼。除此之外，对一些特殊病人的护理，病人日间不带接尿器时小便困难，晚间怕尿床，都需要格外用心监护。尿湿报警器就解决了这方面的诸多问题，如图 5-13 所示，它给人们的生活带来了方便。

👤 任务目标

掌握湿敏电阻的工作原理。

能够正确分析婴儿尿湿报警器电路的工作过程。

培养学生交流沟通和表达能力。

📋 原理分析

本项目中，制作一个简易的婴儿尿湿报警器电路。该电路主要由湿度传感器和音乐报警电路组成。湿度传感器两端的电阻随被测物品的湿度而变化，干燥时湿度传感器两端电阻非常大，处于绝缘状态；当被测物品含有水分时，湿度传感器受水分子作用具有导电能力，对音乐片产生触发电信号，音乐片放出音乐信号通过蜂鸣器进行报警。婴儿尿湿报警器电路如图 5-14 所示。

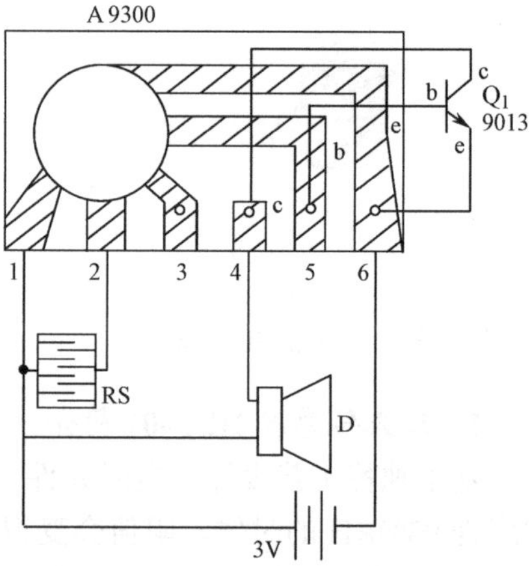

图 5-14　婴儿尿湿报警器电路

📖 任务实施

1. 准备阶段

制作婴儿尿湿报警器电路所需的元器件清单见表 5-1，本电路的核心元件是湿度传感器。主要元器件如图 5-15 所示。

表 5-1　婴儿尿湿报警器元器件清单

元　器　件		说　　明
音乐片	A	KD9300
湿度传感器	RS	
蜂鸣器	D	8Ω　0.5W
三极管	Q_1	NPN　9013
稳压电源		3V

图 5-15　婴儿尿湿报警器电路主要元器件

2．制作步骤

（1）湿度传感器的制作。

湿度传感器主要应用印制电路板进行制作，在印制电路板上用刀刻出形状像两只手指交叉状的金属图案，焊上引线就形成一个湿度传感器，如图 5-16 所示。条纹越密，其湿度传感器特性越强；条纹越疏，其湿度传感器特性越弱。采用废旧的电路板制作湿度传感器，如图 5-17 所示。

（2）调整电路布局设计。

可以在布局设计用纸上进行设计。实物布局图如图 5-18 所示，供读者参考。

（3）元器件焊接。

在焊接元器件时，要注意合理布局，先焊小元件，后焊大元件，防止小元件插接后掉下来的现象发生。

图 5-16　制作的湿度　　　　图 5-17　废旧电路板上的　　　图 5-18　实物布局图
　　　　传感器　　　　　　　　　　　湿度传感器

（4）焊接完成后先自查，然后请教师检查。如有问题，修改完毕后，再请教师检查。

（5）通电并调试电路。

给电路接上电源，如电路制作正确，在湿度传感器上滴上水，音乐片将产生音乐，通过喇叭自动报警。在调试过程中可能出现的常见问题：①电路不工作，可能是因为音乐片连接错误，读者需按音乐片引脚功能仔细连接；②三极管发热，可能是因为引脚接错了。本电路结构简单，无须过多调试即可完成电路功能。

3．制作注意事项

（1）音乐片有空孔，在实际电路中没有作用。

（2）自制的传感器比买的要灵敏，较小的水迹就会产生报警现象，若读者的手较湿，擦拭湿度传感器可能也会产生报警现象。

4．完成实训报告

思考题

为什么通过在印制电路板上刀刻条纹就能制作成湿度传感器？制作的湿度传感器的尺寸大小对电路有影响吗？

阅读材料

在工农业生产、气象、环保、国防、科研、航天等领域，对产品质量的要求越来越高，在生产、运行过程中，对环境湿度的控制以及对工业材料水分值的监测与分析已成为比较普遍的技术要求，利用湿度传感器便可完成对湿度的监测。所谓湿度传感器是指能够监测环境湿度变化，并能够将湿度变化信号转换成为电信号的一种传感器。

水是一种强极性电介质，水分子具有较大的电偶极矩，在氢原子附近有极大的正电场，因而它具有很大的电子亲和力，使得水分子易于吸附在固体表面并渗透到固体内部。利用水分子这一特性制成的湿度传感器称为水分子亲和力型传感器，而把与水分子亲和力无关的湿度传感器称为非水分子亲和力型传感器。目前在现代工业中使用的湿度传感器大都是水分子亲和力型传感器。水分子亲和力型传感器按照其输出电信号的种类又可分为电阻型和电容型：电阻型湿度传感器能够将湿度变化信号转换为电阻变化信号；电容型湿度传感器能够将湿度变化信号转换为介电常数变化，再转换成与相对湿度成正比的电容量变化。如图 5-19 所示为日常生活中常用的湿度传感器。

以 HR202 湿敏电阻器为例简单介绍其特点。HR202 湿敏电阻器是采用有机高分子材料制成的一种新型的湿度敏感元件，具有感湿范围宽，响应迅速，抗污染能力强，无需加热清洗及长期使用性能稳定可靠等诸多特点。HR202 湿敏电阻器适用范围：温湿度显示计、大气环境检测、工业过程控制、农业、测量仪表等应用领域。其电路原理图如图 5-20 所示。

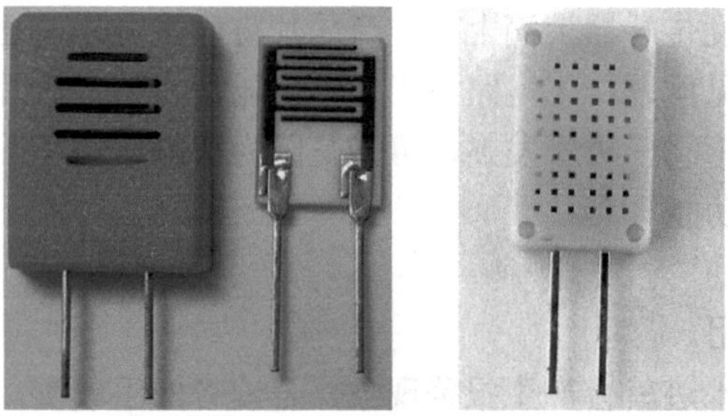

图 5-19　湿度传感器

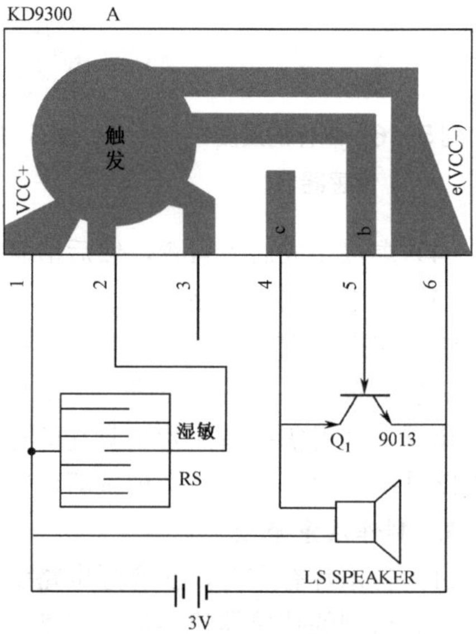

图 5-20　电路原理图

参数：

（1）定额电压：1.5V AC（MAX，正弦波）

（2）定额功率：0.2mW（MAX，正弦波）

（3）工作频率：500Hz ~ 2kHz

（4）使用温度：0 ~ 60℃

（5）使用湿度：95%RH 一下（非结露）

（6）温度特性：≤0.1%RH/℃

（7）湿滞回差：≤2%RH

（8）响应时间：≤20s

（9）稳定性：≤2%RH/年

（10）中心值：31kΩ

（11）湿度检测精度：±5%RH

项目14　湿度测试仪的设计与制作

任务引入

敦煌的莫高窟（图5-21）是人类文明的奇迹，但由于石窟损害导致壁画受损的现象是长期困扰文物保护人员并亟待解决的问题。国内外多家科研机构对敦煌莫高窟进行常年的温湿监测，这个过程中离不开湿度传感器。除此之外，像天气预报、农业生产等都需要进行湿度的监控。现如今，湿度传感器已广泛应用于工农业生产、气象、环保、国防、科研、航天、勘探、林业、制造业、畜牧业等领域。本项目就来制作一个简单的湿度测试仪。

图5-21　敦煌莫高窟

任务目标

掌握AM1001湿度检测模块的使用方法。

能够独立完成湿度测试仪的制作与调试。

培养学生认真负责的处事态度、精益求精的工匠精神。

原理分析

湿度传感器有很多种类，但通常相对湿度传感器应用得最为广泛。湿度传感器可以直接从网上购买，本项目所使用的是湿度模块为AM1001，即相对湿度传感器与电路一体化的产品（图5-6）。模块的供给电压为直流电压，相对湿度通过电压输出进行计算，该模块具有精度高，可靠性高，一致性好，且已带温度补偿，确保长期稳定性好，使用方便及价格低廉等特点。该模块共有三根引线，红线和黑线分别接电源线和地线，黄线是输出。其主要技术参数见表5-2。

表5-2　AM1001湿度传感器电路模块技术参数表

指　　标	说　　明	特点及应用领域
供电电压（V_{in}）	DC4.5～6V	特点：低功耗、小体积、带温度补偿、单片机校准线性输出、可靠性高、使用方便、价格低廉等 应用领域：空调、加湿器、除湿机、通信、大气环境监测、工业过程控制、农业、测量仪表等
消耗电流	约2mA（MAX 3mA）	
使用温度范围	0～50℃	
使用湿度范围	95%RH 以下（非凝露）	
湿度检测范围	20%～95%RH	
保存温度范围	0～50℃	
保存湿度范围	80%RH 以下（非凝露）	
湿度检测精度	±5%RH（0～50℃，30%～80%RH）	
电压输出范围	0.6～2.85V DC	

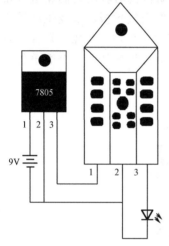

图5-22　湿度测试仪接线图

本项目要制作的电路图如图5-22所示，从电池正极出来首先接7805，从7805出来后接AM1001的黄色引线，黄色引线后接LED，其中AM1001的红、黑引线分别接电源正、负极。

📖 任务实施

1. 准备阶段

制作这个电路所需的元器件见表5-3。该电路的核心元件是AM1001湿度传感器模块。该模块有三根引线，红色接电源正极，黑色接电源负极，黄色引线为输出端。准备一块9V电池，一个三端集成稳压块7805，一个LED（颜色不限）如图5-23所示。

表5-3　简易湿度测试仪元器件清单

元器件及工具	说　　明
湿度传感器模块	AM1001
发光二极管	ED
三端集成稳压块	7805
焊接用的各种工具	

图5-23　简易湿度测试仪主要元器件

2. 制作步骤

（1）湿度传感器模块AM1001使用注意事项。

AM1001是一个模块电路，因此在电路制作中难度不大，其应用的是5V的电源电压，要注意三根引线不要接错。

（2）三根引线。

AM1001模块的三根引线使用时一定要注意：红色引线接电池正极，黑色引线接电池负极，黄色引线为输出，直接接LED。

（3）加 7805 的意义。

在该电路中又接了一个三端集成稳压块 7805，目的是保护湿度传感器模块 AM1001，因为不管接的是直流电源，还是 9V 的电池，经过 7805 后输出的都是 5V 的电压。

调试：加 9V 电池后，将湿度传感器模块置于潮气较大的环境下，LED 灯会亮；如用吹风机吹干湿度传感器模块，LED 灯将熄灭。

3. 制作注意事项

（1）LED 的极性。

（2）AM1001 三根引线不要接错。

（3）注意 7805 接法。

4. 完成实训报告

思考题

如果将 LED 换成一个七彩炫灯，会产生什么结果？如果想用七彩炫光亮的程度来表示当前环境湿度的强弱，应如何更改电路？请同学们将制作的电路拿出来相互比较。

阅读材料

环境温湿度对博物馆文物储存的影响及控制方法

博物馆是文物保藏与陈列的场所，这些文物都是不可再生的资源，经历几百甚至上千、万年的历史，在这漫长的历史岁月中都有不同程度的受到自然或者人为的损害，有的甚至不堪一击，所以博物馆保藏、陈列中的文物既要满足观众对文物欣赏的要求，又要考虑保存环境对文物的破坏作用，因此环境控制是博物馆文物保护工作中一个重要方面。

长期以来，尽管全国的博物馆工作者为保护文物做了大量工作，但文物入馆收藏后受损的情况仍然非常普遍，这种现象与博物馆的收藏环境密切相关。及时了解和掌握文物所处环境的变化，防止文物劣化变质，关键在于采用何种手段进行温湿度的检测，使不适宜的环境尽快得到改善。

（一）温湿度对文物的影响

温度和湿度对博物馆文物保存有着十分重要的影响，因为对于有机质文物来说，湿度过低，有些文物就会因干燥而出现翘曲干裂等问题，湿度过高，虫、霉又是大问题；对于无机文物来讲，湿度过高，金石文物就会锈蚀，而陶瓷文物易于酥裂剥落，所以控制好温湿度的变化将会延长文物的寿命，相反任其自然变化就会造成意想不到的危害，而温度和湿度在一定条件下相互影响、相互作用。随着温度的变化，湿度也会发生变化，各种文物的光氧化速度也会受它们的影响。根据国家文物局发布的《博物馆藏品保存环境试行规范》博物馆的温度控制在 15℃ ~ 20℃，相对湿度在 45% ~ 60% 将会比较理想。而不同材质种类的文物对温湿度要求也不相同，有些特殊文物要单独设定温湿度。

（二）博物馆中控制温湿度方法

（1）宏观系统控制：主要依靠中央空调系统控制博物馆的温湿度。但由于中央空调控制的范围比较大，受到展厅环境、参观人流量、以及外界大气环境的影响，往往很难精确的控制，因此尽量使中央空调的温度在 20℃ 左右，辅助进一步的微环境调控。

（2）微环境控制：博物馆展柜内的微环境直接影响着博物馆展品的寿命。首先要加强博物馆展柜的密闭性，因为一个密封性良好的博物馆展柜能为文物保存提供一个相对稳定的温湿度条件。因此要采取一些措施使之达到密封效果，一些特殊的博物馆展柜可以用抗氧化抗腐蚀的自封带进行密封，这种自封带不仅可以密封展柜，还可以去除有害气体；其次，在重要藏品的展柜中加一些调湿剂控制湿度或安装恒湿系统，当湿度超过（低于）要求范围时，湿度控制仪能自动开启除湿机（加湿器）降低（升高）湿度。

（3）重要展品单独控制：由于不同种类的文物对温湿度的要求各不相同，因此对于一些重要的文物要进行单独控制，在博物馆展柜中安装独立的恒温恒湿系统，设定这种文物的温湿度范围，使之更好的保存。

思政课堂

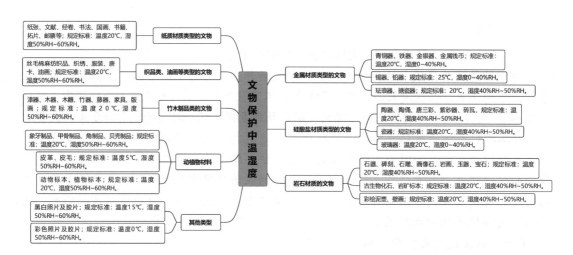

中华文明源远流长、博大精深，是中华民族独特的精神标识，是当代中国文化的根基，是维系全世界华人的精神纽带，也是中国文化创新的宝藏。文物和文化遗产承载着中华民族的基因和血脉，是不可再生、不可替代的中华优秀文明资源。要让更多文物和文化遗产活起来，营造传承中华文明的浓厚社会氛围。要积极推进文物保护利用和文化遗产保护传承，挖掘文物和文化遗产的多重价值，传播更多承载中华文化、中国精神的价值符号和文化产品。

第六章　磁敏传感器

　　先秦时代，我们的先人已经积累了许多对磁的认识，在探寻铁矿时常会遇到磁铁矿，即磁石（其主要成分是四氧化三铁）。《管子》的名篇中也记载了这些发现："山上有磁石者，其下有金铜（这里金铜是金属的统称）。"其他古籍如《山海经》中也有类似的记载。磁石的吸铁特性很早就被人发现，《吕氏春秋》九卷精通篇就有："慈招铁，或引之也。"古时的人称"磁"为"慈"，他们把磁石吸引铁看作慈母对子女的吸引，并认为"石是铁的母亲，但石有慈和不慈两种，慈爱的石头能吸引他的子女，不慈的石头就不能吸引了。"因此，汉以前，人们把磁石写作"慈石"，是慈爱的石头的意思。

　　磁与我们的生活息息相关。从早先的司南、指南鱼的发明，到20世纪发明的录音机使用的磁带，录像机使用的磁录像带，随着现代科学技术的研究和应用的发展，人们加深了对磁的认识，磁的现象和磁的应用随处可见。日常生产生活中，遇到磁和使用磁的事例非常多。例如，电视机中要使用由多种磁性材料制成的磁性器件。电视机先将图像转变为电信号，再将电信号输入到电视显像管来控制显像管中的电子束，使电子束按电信号，进行上下和左右的偏转扫描。受扫描的电子束注射到显像管的荧屏上，发射出光来。在这一过程中，多处都要用到磁性材料和磁场，如将电子束聚焦要使用聚焦磁场，将电子束扫描要使用扫描磁场。又如平时使用的汽车电子锁，其高可靠性、高安全性、响应速度快、动作平稳、操作快捷方便的特点，受到广大车主的好评。电子锁中应用电磁转换吸合原理，采用螺线管结构，设计制造直动往返式电磁铁，可保证在长行程时的强吸持力。

　　磁敏传感器是一种利用导体和半导体的磁电转换原理，对磁感应强度、磁场强度和磁通量等磁学量敏感，并将其转换成电信号的传感器。根据磁敏传感器转换原理的不同，目前市场上的磁敏传感器主要有以下几种。

一、霍尔传感器

（一）霍尔元件

1. 霍尔效应

　　霍尔传感器是利用半导体材料的霍尔效应进行测量的一种磁敏传感器。所谓霍尔效应（Hall effect），是指置于磁场中的导体或半导体内通入电流，若电流与磁场方向垂直，则在与磁场和电流都垂直的方向上

霍尔传感器

会出现一个电势差。根据霍尔效应，人们用半导体材料制成霍尔元件。我们以 N 型半导体霍尔元件为例来说明霍尔传感器的工作原理。在图 6-1 中，a、b 端通入激励电流 I，并将薄片置于磁场中。设该磁场垂直于薄片，磁感应强度为 B，这时电子（运动方向与电流方

向相反）将受到洛仑兹力 F_L 的作用，向内侧偏移，该侧形成电子的堆积，从而在薄片的 c、d 方向产生电场 E。此时电子一方面受到洛仑兹力 F_L 的作用，同时另一方面又受到该电场力 F_E 的作用。从图中可以看出，这两种力的方向恰好相反。电子积累越多，电场力 F_E 也越大，而洛仑兹力保持不变。最后，当 F_L 与 F_E 的大小相等时，电子的积累达到动态平衡。这时，在半导体薄片 c、d 方向的端面之间建立的电动势就是霍尔电动势，我们把这种现象称为霍尔效应。

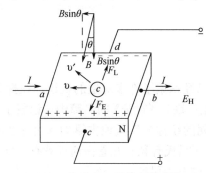

图 6-1　霍尔元件的霍尔效应

2. 霍尔电动势

由实验可知，流入激励电流端的电流 I 越大，作用在薄片上的磁场强度 B 越强，霍尔电动势也就越高。霍尔电动势 E_H 可用下式表示

$$E_H = K_H I B \tag{6-1}$$

式中，K_H 为霍尔元件的灵敏度。

若磁感应强度 B 不垂直于霍尔元件，而是与其法线成某一角度 θ 时，实际上作用于霍尔元件上的有效磁感应强度是其法线方向（与薄片垂直的方向）的分量，即 $B\cos\theta$，这时的霍尔电动势为

$$E_H = K_H I B \cos\theta \tag{6-2}$$

3. 霍尔元件特性参数

（1）霍尔系数 R_H。

霍尔系数 R_H 由半导体材料的性质决定，单位是 m^3/C。其大小可表示为

$$R_H = E_H d / IB \tag{6-3}$$

式中，d 为半导体材料的厚度；I 为电流；B 为磁场强度。

（2）灵敏度 K_H。

设 $K_H = R_H/d$，则公式（6-3）可写为

$$K_H = E_H / IB \tag{6-4}$$

可见，霍尔电压与控制电流及磁感应强度的乘积呈正比，K_H 的单位为 $mV/(mA \cdot T)$。K_H 值越大，霍尔元件的灵敏度就越高；半导体材料元件厚度越小，霍尔输出电压也越大。实际应用中灵敏度 K_H 的数值约为 $10\ mV/(mA \cdot T)$。

（3）最大激励电流 I_m。

由于霍尔电动势随激励电流增大而增大，故在应用中总希望选用较大的激励电流。但激励电流增大，霍尔元件的功耗增大，元件的温度升高，从而引起霍尔电动势的温漂增大，

因此每种型号的元件均规定了相应的最大激励电流，它的数值从几毫安至十几毫安。

（4）最大磁感应强度 B_m。

磁感应强度超过 B_m 时，霍尔电动势的非线性误差将明显增大，在实际使用中最大磁感应强度 B_m 的数值一般小于零点几特斯拉。

（5）输入电阻 R_i。

霍尔元件两激励电流端的电阻称为输入电阻。它的数值从几十欧到几百欧，视不同型号的元件而定。当温度升高，输入电阻变小，从而使输入电流 I 变大，最终引起霍尔电动势变大，为了减少这种影响，最好采用恒流源作为激励源。

（6）输出电阻 R_c。

霍尔元件两个电势输出端之间的电阻称为输出电阻，它的数位与输入电阻同一数量级。它也随温度改变而改变。选择适当的负载电阻易与之匹配，可以使由温度引起的不等位电势的漂移减至最小。

（7）不等位电动势。

在额定激励电流下，当外加磁场为零时，霍尔输出端之间的开路电压称为不等位电动势，它是由于 4 个电极的几何尺寸不对称引起的，使用时多采用电桥法来补偿不等位电动势引起的误差。

（8）霍尔电动势温度系数。

在一定磁场强度和激励电流的作用下，温度每变化1℃时霍尔电动势变化的百分数称为霍尔电动势温度系数，它与霍尔元件的材料有关，一般约为 0.1%。在要求较高的场合，应选择低温漂的霍尔元件。

4. 霍尔元件的类型

当电流恒定时，这个值与磁场的强弱呈正比。在实际使用中，霍尔元件按构造可分为：无铁芯型、铁芯型和测试用探针霍尔集成电路三类；按出线端子可分为：三端子组件（图 6-2）、四端子组件（图 6-3）和五端子组件（已被市场淘汰见图 6-4）三种类型。

图 6-2　三端子霍尔元件

图 6-3　四端子霍尔元件

（二）霍尔集成传感器

霍尔集成传感器就是将霍尔元件与放大器电路集成化了的磁敏传感器，只要接上电源，就可以非常方便地使用。通常，霍尔集成传感器分为线性输出型和开关输出型两类。

霍尔集成传感器

1. 线性输出型霍尔集成传感器

线性输出型霍尔集成传感器是将霍尔元件和恒流源、线形差动放大器以及其他电路等制作在一块芯片上。它输出的是模拟量，测量精度高、线性度好，往往用于特殊场合如图 6-5 所示。

图 6-4　G-006 型五端子霍尔元件

图 6-5　线性输出型霍尔集成传感器

2. 开关输出型霍尔集成传感器

开关输出型霍尔集成传感器是将霍尔元件和稳压电路、低耗放大器、施密特触发器以及 OC 门等制作在一块芯片上。当磁场强度超过规定工作点时，OC 门由高阻状态变为低阻状态（即导通状态），输出的霍尔电动势由高至低；当磁场强度低于释放点时，OC 门重新恢复成高阻状态，输出的霍尔电动势由低至高。它输出的是数字量，通常与微型计算机等数字电路兼容，具有无触点、无磨损、输出波形清晰、无抖动、无回跳、位置重复精度高（可达 μm 级）等特点。集成传感器采用了各种补偿和保护措施，其工作温度范围可达-55～150℃，因此应用十分广泛。

单极性霍尔集成传感器是用 Si（硅）半导体制作成的单片型集成传感器，如图 6-6 所示。双极性霍尔集成传感器是由用 InSb（锑化铟）制作成的霍尔器件和用 Si 制作成的放大器电路构成的混合集成传感器，如图 6-7 所示。

图 6-6　单极性霍尔集成传感器

图 6-7　双极性霍尔集成传感器

图 6-8　高斯计

霍尔传感器具有结构简单、体积小、重量轻、频率响应范围广等优点，可实现无接触测量，可用于力、压力、微位移、磁感应强度、功率、相位等量的测量，因此在测量技术、自动化技术、信息处理技术等领域得到了广泛应用。利用霍尔传感器可以作成磁场探测仪器，如高斯计。高斯计（现称毫特斯拉计）是根据霍尔效应原理制成的测量磁感应强度的仪器，如图 6-8 所示。它由霍尔探头和测量仪表构成。霍尔探头在磁场中因霍尔效应而产生霍尔电压，测出霍尔电压后，根据霍尔电压公式和已知的霍尔系数，可确定磁感应强度的大小。高斯计的读数以高斯或千高斯为单位。高斯计是用于测量和显示单位面积平均磁通密度或磁感应强度的精密仪器。

项目15 磁控电路的设计与制作 ▪ ▪ ▪ ▪

任务引入

磁在人类社会生活中的应用非常广泛，生活中很多设备都用到磁，如选铁矿的磁选机，电机控制电路上的继电器，超市中的磁条，还有银行卡，存折等。检测磁性的传感器有霍尔传感器和磁敏电阻等。霍尔传感器（图6-9）价格便宜、使用方便，因此被广泛应用。

图6-9　霍尔传感器

任务目标

掌握霍尔元件的工作原理。

能够正确判别霍尔元件UGN3120引脚、完成安装及电路调试。

培养学生安全操作电路检测、维护、维修的职业素养。

原理分析

本项目中，制作一个简易的磁控电路，该电路主要由霍尔元件组成。霍尔式传感器是以霍尔元件作为敏感和转换元件的，利用的是霍尔元件受到磁作用时会产生霍尔电动势的原理。为了更好地理解该电路，先来学习一些理论知识。

如图6-10所示，磁控电路左边是电源电路单元，包含变压器、整流桥、滤波电容稳压集成电路7805、滤波电容等。核心元件是霍尔元件UGN3120，在外界磁场的影响下产生了霍尔电动势，这个电动势的变化经由R_1使得PNP三极管9012导通，三极管9012集电极的电流直接驱动3V继电器动作，继电器的常开触点导通，使得负载发光二极管导通发光。如果把发光二极管换成光电耦合器，就能控制任意功率的负载了。当外界磁场撤离，霍尔电动势消失，三极管9012也恢复初始状态，负载二极管断电，特别说明：和继电器线圈并联的二极管在这里起保护作用，避免断电瞬间线圈的感应电动势对其他元件造成的冲击损坏。

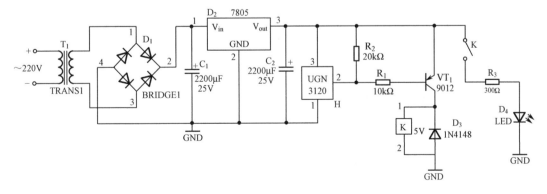

图6-10　磁控电路原理图

任务实施

1. 准备阶段

制作这个电路所需的元器件清单见表 6-1。本电路的核心元器件是磁敏传感器——霍尔元件，如图 6-11 所示。主要元器件如图 6-12 所示。

表 6-1　磁控电路元器件清单

元 器 件		说　明
霍尔元件	UGN	3120
二极管	D_3	1N4148
三极管	VT_1	9012
发光二极管	D_4	$\phi 3 \sim \phi 5$
继电器	K	常闭触点 HJR-3FF-S-Z
电阻	R_1	10kΩ
	R_2	20kΩ
	R_3	300Ω

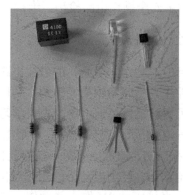

1—电源
2—地
3—输出

图 6-11　霍尔元件引脚功能图　　　　图 6-12　磁控电路主要元器件

2. 制作步骤

（1）利用万用表对电阻、二极管、三极管和继电器进行性能测试和引脚判断。

（2）磁控电路布局设计。根据电路原理图结合实物完成磁控电路布局。实物布局图如图 6-13 所示，供读者参考。

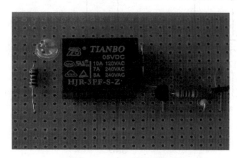

图 6-13　实物布局图

（3）元器件焊接。

在焊接元器件时，要注意合理布局，先焊小元件，后焊大元件，防止小元件插接后掉下来的现象发生。焊接时间不宜太长，恒温烙铁的温度设置在 350℃为宜。

（4）焊接完成后先自查，然后请教师检查。如有问题，修改完毕后，再请教师检查。

（5）通电并调试电路。

本电路是磁控电路，其特点是当有外加磁场的情况下发光二极管导通显示。如果电路制作正确，在霍尔元件 UGN3120 两端加磁场，当磁场达到一定强度时，LED 灯导通发光。在调试过程中可能出现的常见问题：①接通电源，在磁场较小的情况下发光二极管 LED 持续点亮，主要原因可能是霍尔元件与继电器离得太近，磁场对继电器线圈产生影响，而不是利用霍尔元件去控制继电器，读者在电路图布局设计上需要注意，避免此类情况的发生。②三极管发热，可能原因是引脚接错。③接通电源，施加磁场，但是 LED 灯不亮，可能的原因是灵敏度差，磁场不够强。本电路结构简单，无须过多调试即可实现电路功能。

3. 制作注意事项

（1）元器件的合理布局。

（2）霍尔元件、二极管和三极管引脚的极性；三个电阻不要混淆。

4. 完成实训报告

思考题

在调试中，如果磁场的经过方向不同，对霍尔元件有无影响？电路的效果是什么？如果电源改用 12V 电压，当前电路应如何更改设计？

阅读材料

我国新一代自主研发的无人驾驶磁悬浮列车（图 6-14）已于 2020 年 3 月下线，设计时速可达 200 公里/小时，现在已经在上海 10 号线实现运行，填补全球该速度等级磁浮交通系统的空白，同时使中国在磁悬浮领域处于世界领先地位，连国外媒体都不禁感叹"中国是从未来穿越回来的吗？"。磁悬浮具备地面运行控制系统，同时装备了车地无线通信、在线状态监测、大数据分析等技术，能够实时诊断车辆、轨道、供电等多方面的故障，确保无人驾驶安全可靠。无人驾驶磁悬浮列车的顺利运行也得益于中国有着世界最强大的调度指挥系统，控制中心可以集中控制所有列车的运行速度，中国的自动驾驶列车可以全程控制列车的各种功能，以及列车设备管理及应急情况处理功能，确保无人驾驶磁悬浮列车的安全性。随

图 6-14　无人驾驶磁悬浮列车

着无人驾驶磁悬浮列车的一锤定音，中国高铁也正在迈入全新的时代。请同学们查阅资料，了解无人驾驶磁悬浮列车与高铁列车上的传感器，以及它们的作用。

二、磁敏电阻、磁敏晶体管

（一）磁敏电阻

磁敏电阻传感器又称磁控电阻传感器，简称磁敏电阻或磁控电阻，是一种对磁场敏感的半导体元件。磁敏电阻传感器基于的原理是磁阻效应。所谓磁阻效应（Magnetoresistance Effects）是指某些金属或半导体的电阻值随外加磁场变化而变化的现象。磁阻传感器一般具有小体积、

磁敏电阻传感器

高可靠性、高灵敏度、抗电磁干扰性好、易于安装、价格便宜等特点。磁阻效应还与元器件的形状、尺寸密切相关。我们把这种与形状、尺寸有关的磁阻效应称为磁阻效应的几何磁阻效应。因此为了提高磁阻传感器的灵敏度，形状通常为矩形。

磁敏电阻一般是由锑化铟（InSb）材料制作的，根据电场和磁场的原理，当在铁磁合金薄带的长度方向施加一个电流时，如果在垂直于电流的方向再施加磁场，铁磁性材料中就有磁阻的非均质现象出现，从而引起合金带自身的阻值变化。

磁敏电阻的应用比较广泛，在自动控制中的应用主要有以下几个方面。

1. 作为磁敏传感器

用磁敏电阻作为核心元件的各种磁敏传感器的工作原理基本相同，只是根据用途、结构不同而种类各异。如图 6-15 所示为 InSb 薄膜磁敏电阻传感器，它是利用锑化铟薄膜的磁阻效应而制作的一种新型传感器，它的阻值 R 随垂直通过它的磁通密度 B 的变化而变化。

2. 作为计量控制元件

可将磁敏电阻用于磁场强度测量、位移测量、频率测量和功率因数测量等方面，如图 6-16 所示为差分磁敏电阻传感器。

图 6-15　InSb 薄膜磁敏电阻传感器

图 6-16　差分磁敏电阻传感器

3. 作为无触点电位器

用磁敏电阻作为无触点电位器的结构示意图如图 6-17 所示，将磁敏电阻 R_1 与 R_2 分别制成两个半圆形，共同组成一个圆环，永久磁铁是与电阻面积相同的半圆，形成 360° 旋转。当永久磁铁完全覆盖 R_1 时，输出电压最小；当永久磁铁顺时针旋转 90°，恰好覆盖 R_1、R_2 各一半时，则输出电压为输入电压的 1/2；当 R_2 全部被永久磁铁覆盖时，此时输出电压最大，如图 6-18 所示为无触点电位器实物。

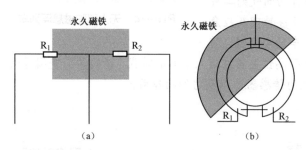

图 6-17　磁敏电阻作为无触点电位器的结构示意图

图 6-18　无触点电位器实物

4. 作为运算器

磁敏电阻可在乘法器、除法器、平方器、开平方器、立方器和开立方器等中使用。

5. 作为开关电路

磁敏电阻可用在接近开关、磁卡文字识别和磁电编码器等方面。

磁电编码器是一种新型的角度及位移测量装置，如图 6-19 所示为磁电编码器实物。其原理是采用磁阻或者霍尔元件对变化的磁性材料的角度或者位移进行测量，磁性材料角度或者位移的变化会引起一定电阻或者电压的变化，通过放大电路对变化量进行放大，通过单片机处理后输出脉冲信号或者模拟量信号，达到测量的目的。

　　磁电式编码器和传统的光电编码器相比，磁器件代替了传统的码盘，弥补了光电编码器易碎、精度低和耐热性差等一些缺陷，更具有抗振、耐腐蚀、耐污染、性能可靠、结构简单等特性，尤其适用于高温、油污、灰尘较大的场合。因此汽车上大量采用磁电编码器进行位置反馈，如方向盘电动助力系统、刹车踏板位置检测等，如图 6-20 所示为磁电编码器在汽车上的应用。

图 6-19　磁电编码器实物

图 6-20　磁电编码器在汽车上的应用

（二）磁敏晶体管

磁敏晶体管

　　磁敏晶体管（磁敏二极管、磁敏三极管等）是继霍尔元件和磁敏电阻之后迅速发展起来的新型磁电转换元件。它们具有磁灵敏度高（磁灵敏度比霍尔元件高数百甚至数千倍）、能识别磁场的极性、体积小、电路简单等特点，因而正日益得到重视，并在检测、控制等方面得到普遍应用。

1. 磁敏二极管

　　它是一种对磁场极为敏感的半导体元件，是为了探测较弱磁场而设计的，分为硅磁敏二极管和锗磁敏二极管两种。与普通二极管的区别是：普通二极管 PN 结的基区很短，以避免载流子在基区里复合；而磁敏二极管的 PN 结却有很长的基区，大于载流子的扩散长度，但基区是由接近本征半导体的高阻材料构成的。磁敏二极管属于长基区二极管，是 P+—I—N—型，其结构和电路符号如图 6-21 所示（图中×表示磁场）。其中 I 区为本征（不掺杂）的或接近本征的半导体，其长度为 L，它比载流子扩散长度大数倍，两端分别为重掺杂的 P+、N+区，在 I 区的一个侧面上，再做一个高复合的 r 区，在 r 区内载流子的复合速率较大。

　　磁敏二极管是利用载流子在磁场中运动会受到洛伦兹力（载流子在磁场中运动时所受到的一种力，使其运动发生偏转）作用的原理制成的。当受到正向磁场作用时，电子和空穴均受到洛伦兹力作用向 r 面偏转，如图 6-22 所示。因为 r 面是高复合面，所以到达 r 面的电子和空穴就被复合掉，因而 I 区的载流子密度减少，电阻增加，所以 U_I 增大，而在两个结上的电压 U_P、U_N 则相对减少，于是 I 区的电阻进一步增加，直到稳定在某一值上为止。相反，如果磁场方向改变，电子和空穴将向 r 区的对面，即向低（无）复合区偏转，则使载流了在 I 区中的复合减少，加上继续注入 I 区的载流子，使 I 区中的载流子密度增大，电阻减小，电流增大。同样过程进行正反馈，使注入载流子数目增加，U_I减少，U_P、U_N压降增大，电流增大，直至达到某一稳定值为止。

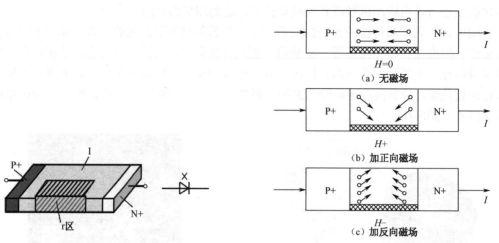

图 6-21　磁敏二极管的结构及电路符号　　　图 6-22　磁敏二极管载流子受磁场影响的情况

常用的磁敏二极管有 2ACM 和 2DCM 系列，表 6-2 为常用 2ACM 系列磁敏二极管的主要参数。

表 6-2　常用 2ACM 系列磁敏二极管的主要参数

型　号	最大耗散功率 P_M（mW）	工作电压 u_I（V）	工作电流 I_I（mA）	反向漏电流 I_R（μA）	磁场方向变化与工作电压变化量 ΔU_+（V）	ΔU_-（V）	温度系数 α（%/℃）	使用温度（℃）
2ACM-1A					<0.6	<0.4		
2ACM-1B		4~6	2~2.5		≥0.6	≥04		
2ACM-1C					>0.8	>0.6		
2ACM-2A					<0.6	<0.4		
2ACM-2B	50	6~7	1.5~2	200	≥0.6	≥0.4	1.5	-40~65
2ACM-2C					>0.8	>0.4		
2ACM-3A					<0.6	<0.4		
2ACM-3B		7~9	1~1.5		≥0.6	≥0.4		
2ACM-3C					>0.8	>0.6		

2．磁敏三极管

磁敏三极管是在弱 P 型或弱 N 型本征半导体上用合金法或扩散法形成发射极、基极和集电极的。其基区较长，基区结构类似磁敏二极管，有高复合速率的 r 区和本征 I 区。磁敏三极管同普通三极管类型相同，有 NPN 和 PNP 两种，以 NPN 型磁敏三极管为例说明它的结构特点。NPN 型磁敏三极管是在弱 P 型近本征半导体上，用合金法或扩散法形成三个结——即发射、基极结、集电结所形成的半导体元件，如图 6-23 所示为磁敏三极管的结构和符号。在长基区的侧面制成一个复合速率很高的高复合区 r。长基区分为运输基区和复合基区两部分。

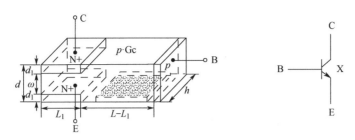

图 6-23　NPN 型磁敏三极管的结构和符号

　　磁敏三极管的工作原理如图 6-24 所示，当磁敏三极管未受磁场作用时，由于基区宽度大于载流子有效扩散长度，大部分载流子通过 e—I—b 形成基极电流，少数载流子输入到 c 极，因而形成基极电流大于集电极电流的情况，使 $\beta<1$。当受到正向磁场（H+）作用时，洛仑兹力使载流子偏向发射结的一侧，导致集电极电流显著下降；当受到反向磁场（H−）作用时，载流子向集电极一侧偏转，使集电极电流增大。由此可知，磁敏三极管在正、反向磁场作用下，其集电极电流出现明显变化。这样就可以利用磁敏三极管来测量弱磁场、电流、转速、位移等物理量。

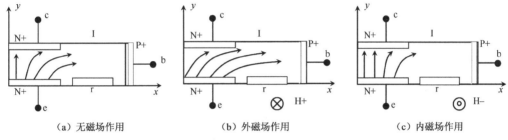

（a）无磁场作用　　　　　　（b）外磁场作用　　　　　　（c）内磁场作用

图 6-24　磁敏三极管工作原理

　　常用的磁敏三极管有 3ACM、3BCM 和 3CCM 系列。表 6-3 为 3ACM、3BCM 型磁敏三极管的主要特性参数。

表 6-3　3ACM、3BCM 型磁敏三极管的主要特性参数

型 号	最大耗散功率 P_M（mW）	磁灵敏度 （%/kg）	工作电流 I_l（mA）	反向漏电流 I_R（μA）	最大基极电流 I_{bm}（mA）	使用温度 （℃）
3ACM-1	45	20～30	20	400	2	−40～60
3ACM-2			30			
3ACM-3			40			
3ACM-4			50			
3BCM-A		5～10	20	200	4	
3BCM-B		10～15	25			
3BCM-C		15～20				
3BCM-D		20～25				
3BCM-E		25				

3. 磁敏二极管和磁敏三极管的比较

（1）磁敏三极管的灵敏度比磁敏二极管的高几倍甚至十几倍，并且具有功率输出。

（2）磁敏三极管比磁敏二极管功耗低。

（3）磁敏三极管比磁敏二极管动态范围宽。

（4）磁敏三极管比磁敏二极管噪声小。

（5）磁敏三极管特别适合用在低电压工况。

由于磁敏晶体管具有磁灵敏度较高、体积和功耗都很小、能识别磁极性等优点，有着广泛的应用前景。利用磁敏晶体管可测量 10^{-7}T 左右的弱磁场。磁敏晶体管还可以用来测量转速——磁敏转速传感器能将角位移转换成电脉冲信号，供二次仪表使用，主要为铁路高速列车防滑系统配套，具有测量范围宽，安装简便，输出幅值大，工作温度范围广，抗振性好等优点。近几年人们对养生越来越热衷，其中量子弱磁共振分析仪是近两年比较新兴的医疗产品。其中对弱磁场的检测就是依靠具有磁阻效应的磁敏晶体管实现的。尽管目前检测结果尚无确切资料可以参考，但随着性能水平的不断提高量子弱磁共振分析仪也会逐渐在医疗行业中被认可和使用。

阅读材料

人体是大量细胞的集合体，细胞在不断地生长、发育、分化、再生、凋亡，细胞通过自身分裂，不断自我更新。成人每秒大约有 2500 万个细胞在进行分裂，人体内的血细胞以每分钟大约 1 亿个的速率在不断更新，在细胞的分裂、生长等过程中，构成细胞最基本单位的原子的原子核和核外电子这些带电体也在一刻不停地高速运动和变化之中，也就不断地向外发射电磁波。人体所发射的电磁波信号代表了人体的特定状态，人体健康、亚健康、疾病等不同状态下，所发射的电磁波信号也是不同的，如果能测定出这些特定的电磁波信号，就可以测定人体的生命状态。

量子弱磁共振分析仪就是解析这种现象的新型仪器。通过手握传感器来收集人体微弱磁场的频率和能量，经仪器放大、计算机处理后与仪器内部设置的疾病、营养指标的标准量子共振谱比较，用傅立叶分析法分析样品的波形是否变得混乱。根据波形分析结果，对被测者的健康状况和主要问题做出分析判断，并提出规范的防治建议。它将人体脏腑在身体反射区上的穴位、手腕部脉搏信号和血信号变换成对应的生物电数据，如图 6-25 所示，并将此数据与计算机海量数据中的正常值加以对比，进而确定被检测者身体正常与否。检测过程不取样，无创伤，操作简单易学，检测准确可靠。检测系统可将被检测者的档案和检测数据自动保存到计算机中，也可打印，便于定期复查，全程跟踪治疗，如图 6-26 所示。

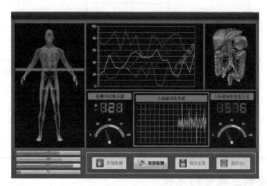

图 6-25　量子弱磁共振分析仪检测人体心脏状态

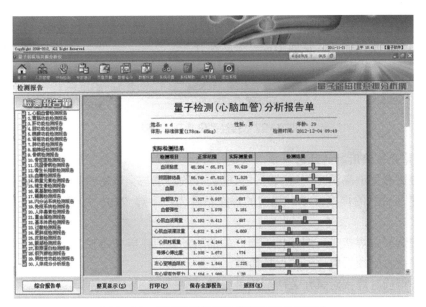

图 6-26　量子弱磁共振分析仪检测分析报告

三、磁簧开关

磁簧开关也称为干簧管磁敏传感器或舌簧开关式磁敏传感器，简称干簧管，是一种十分简单但用途十分广泛的磁电转换器件。

1. 磁簧开关的结构

磁簧开关又称干簧管继电器或干簧管，是一种机械式开关，在磁场作用下直接产生通与断的动作。在干簧管中，关键的元件是簧片开关，干簧管的簧片是用导磁材料制成的，组成不同形式的接点，封装在真空或充有惰性气体（氢气等）的细长玻璃管中。其他主要元件包括开或关的弹性簧片及磁铁或电磁铁。两片簧片呈重叠状但中间间隔有一个小空

磁簧开关

隙，施加一定磁场时将会使两片簧片接触。这两片簧片上的触点镀有一层很硬的金属，通常是铑和钌，这层硬金属大大提升了切换次数的寿命。玻璃管内通常注入的是惰性气体，一些磁簧开关为了提升切换电压的性能，更会把内部做成真空状态。

2. 磁簧开关的工作原理

永久磁铁或线圈所产生的磁场施加于开关上时，使磁簧开关的两个舌簧磁化，一个舌簧在触点位置上生成 N 极，另一个舌簧的触点位置上生成 S 极。若生成的磁场吸引力克服了舌簧弹性所产生的阻力，异性磁极相互吸引，舌簧在吸引力作用下接触导通，即电路闭合。一旦磁场力消除，舌簧因弹力作用又重新分开，即电路断开。

根据工作原理，磁簧开关可分为常开式和常闭式，在日常生活中主要应用常开式。磁簧开关的接点形式有两种类型。

（1）常开型：平时簧片断开，只有簧片被磁化时，接点闭合。

（2）转换型：该结构上有 3 个簧片，簧片 1 由只导电不导磁的材料做成，簧片 2、3 由既导电又导磁的材料做成，如图 6-27 所示。平时，由于弹力的作用，簧片 1、2 相连构成

常闭开关；簧片2、3构成常开开关。当有外界磁力时，簧片2、3被磁化，异性磁极相吸引，常开闭合，常闭断开，从而形成一个转换开关。

簧片1
簧片2
簧片3

图 6-27　转换型磁簧开关的结构

3.　磁簧开关使用时的注意事项

（1）磁簧开关遇高温时间过长时，可能会导致玻璃与金属密封处裂开及泄露，因此必须采取快速及可靠的焊接技术。建议的焊接条件为：手焊 280～300℃；自动焊接 250～300℃。

（2）磁簧开关焊接时，焊接电流所产生的磁场效应，能使磁控管开关动作导致触点损坏，因此焊接时必须采取适当的保护措施。

（3）不得同时焊接磁簧开关两端的引线脚。

（4）磁簧开关安装及焊接到 PCB 上时，需注意 PCB 的变形及热膨胀特性，其应力亦可能会损伤磁控管的玻璃与金属密封。

（5）当在 PCB 上安装磁簧开关时，建议 PCB 与磁簧开关间需保持适当的间距，或将磁控管插入 PCB 的孔位中。

（6）当磁簧开关由 30cm 以上高度跌落至地面时，其电气特性（包括启动及释放值）皆会改变。

干簧管在日常生活中的应用非常广泛，在手机、程控交换机、复印机、洗衣机、电冰箱、照相机、消毒碗柜、门磁、电磁继电器、电子衡器、液位计、电子煤气表、水表中都得到很好的应用。电子电路中只要使用自动开关，基本上都可以使用干簧管。在使用中需要注意以下方面：剪切或弯曲干簧管的引线脚时必须极度小心，以免施加不当的应力而使玻璃－金属密封受到损毁；适当的夹紧工具是必须使用的；剪切或弯曲引脚线时，与玻璃封壳末端的建议距离（玻璃封壳长度 9～20mm）最小为 3mm，大型干簧管（玻璃封壳长度 30mm 以上）最小为 8mm。如图 6-28～图 6-39 所示为日常生产生活中常见的干簧管类型。

图 6-28　高压干簧管继电器

图 6-29　低压干簧管继电器

图 6-30　500Ω 常开型干簧继电器

图 6-31　500Ω 常闭型干簧继电器

图 6-32　常开触点式干簧管

图 6-33　双触点式干簧管

图 6-34　FR3S 型扁平常开型干簧管

图 6-35　大功率双触点干簧管

图 6-36　三脚常开常闭型干簧继电器

图 6-37　DSS41A05 型干簧继电器

图 6-38　塑封干簧管

图 6-39　拆机干簧管

　　磁簧开关和霍尔元件两种传感器，其尺寸都在缩小，然而，当磁簧开关与霍尔元件相比较时，可以看到磁簧开关的一些优点。

　　（1）霍尔元件一般价格低，但需要加上昂贵的电源电路供电，其输出信号也较低，通常也要加放大电路。所以相对来说霍尔元件比磁簧开关更贵。

　　（2）磁簧开关是密封的，因此它几乎能工作于任何环境（湿度环境无影响）。

　　（3）磁簧开关对温度环境没有影响，典型的工作温度范围为-50～150℃，无特别附加条件、限制或费用。霍尔元件工作温度范围有限制。

　　（4）磁簧开关的触头在导通时有极低的导通电阻，典型值低到 50mΩ 以下，而霍尔元件可能有上百欧姆。

　　（5）磁簧开关提供的磁灵敏度有一个较大的范围，其产品有很多很好的应用。某些磁簧开关在苛刻应用上的表现是极好的，在质量、可靠性及安全性上是一流的。磁簧开关能经受很高的电压（最小的额定值是 1000V）。霍尔元件需要的外部电路的额定值到 100V。

项目 16　入侵报警器的设计与制作 ••••

📥 任务引入

人人都需要有一个安全、舒适的生活环境和工作环境。人们的人身安全、财产安全，集体、企事业单位、机关团体、各级各类组织的财产安全，国家的财产安全都需要保护。随着现代高新技术的进步，以及人们防范意识的提高，各种安全防范设施应运而生。其中，安全防范报警系统就是最重要、最具代表性的安全防范设施之一。外出时，家里一旦遭窃，

图 6-40　智能入侵报警器

往往是只能面对一片狼藉的房间而无能为力。如今有这样一种报警装置：不仅可在案发第一时间及时通知业主，还能实时将警情传递至派出所和分局指挥中心。这种家用报警装置已经较普遍地应用在高、中档小区中，无论什么时候、盗贼以什么途径、从什么位置进入房屋，它都会第一时间发出警报通知业主和物业，给我们的日常生活带来了极大的安全保障。入侵报警器的类型多种多样，如图 6-40 所示为现代生活中常用的智能入侵报警，价格一般在千元左右。

📖 任务目标

掌握干簧管的工作原理。

能够正确判断干簧管类型、完成安装及电路调试。

培养学生树立安全、规范意识，具备安全操作的职业素养。

✍ 原理分析

本项目中，我们要制作一个简易入侵报警器电路。该报警器由两部分组成，其中一个电路为产生磁场电路（也可直接使用磁铁），另一个电路为感应磁场电路。使用时，要将两部分电路安装于门窗两侧。门窗关闭时，产生磁场和感应磁场的两部分电路处于平衡状态，电路输出无变化，不产生报警信号。当有人撬开门窗，使产生磁场和感应磁场两部分电路距离变大，也就是打破原有平衡状态时，产生触发信号，输出报警。本项目中所制作的电路主要由磁敏传感器——干簧管和报警电路组成。入侵报警器电路主要利用干簧管对磁元器件敏感的特性来感知磁场变化时产生的电信号的变化。磁敏传感器把磁场变化转换成电压变化，输出给报警系统。干簧管 H 遇到磁感应强度变化时（即有磁物质靠近），干簧管 H 吸合，继电器 K 工作，此时动断触点 SW 断开，音乐片 9300 无音乐信号输出。当磁物质移开、无磁场对作用时，干簧管 H 断开，继电器 K 不工作，动断触点 SW 闭合，对音乐片 9300 产生触发信号，此时产生音乐信号输出。制作这个电路主要应用的传感器是磁敏传感器——干簧管，选用的干簧管是常开触点类型，该电路原理图如图 6-41 所示。

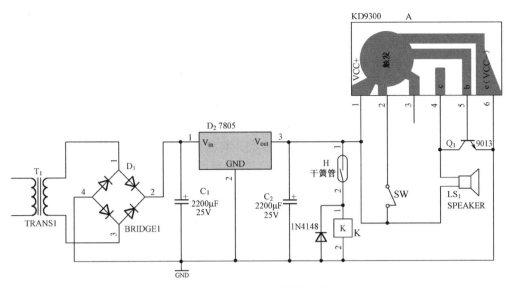

图 6-41　入侵报警器原理图

任务实施

1. 准备阶段

制作入侵报警器电路所需的元器件清单见表 6-4，本电路的核心元件是干簧管，干簧管特性为常开状态，如图 6-42 所示。主要元器件如图 6-43 所示。

表 6-4　入侵报警器元器件清单

元　器　件		说　明
磁铁		
干簧管	H	常开
蜂鸣器	SPEAKER	8Ω　0.5W
二极管	D	1N4148
三极管	Q_1	NPN　9013
音乐片	A	9300
继电器	K	常闭触点 4100　DC3V

图 6-42　干簧管

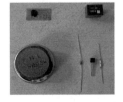

图 6-43　入侵报警器主要元器件

2. 制作步骤

（1）干簧管的测量。

干簧管的测量主要是判别它的好坏，而不是测量它的参数。干簧管的全称为"干式舌簧开管"。干簧管内部有一组既能导磁、又能导电的簧片，用玻璃外壳封装，里面充有惰性气体。干簧管受到磁场作用时，管内的簧片被磁化，就互相吸引接触，将电路接通。当周围磁场消失时，簧片就靠自身的弹力恢复原状，将电路切断。如图6-44所示为不同种类的干簧管。

根据以上原理，就可以用十分简单的方法来进行测量，如图6-45所示为采用一个发光二极管和一个电阻的方法。测量时，将磁铁逐渐靠近干簧管，当距离一定时（与磁铁大小有关），干簧管簧片吸合接通，发光二极管点亮。将磁铁逐渐移开干簧管，外加磁场消失，簧片恢复原状，电路断开，发光二极管熄灭。往复数次，与上述情况相符，则该被测干簧管是好的。若发光二极管点亮后，将磁铁移开时，发光二极管仍点亮，以及当磁铁靠近时，发光二极管也不亮，则说明该被测干簧管已失去开关作用，不能再用了。如果没有磁铁，也可用外磁扬声器后面的磁钢来代替，测量方法相同。图中520Ω电阻是发光二极管的限流电阻，用以保护发光二极管不致因电流过大而损坏。

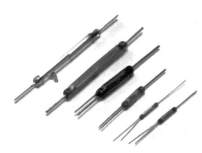

图6-44　不同种类的干簧管

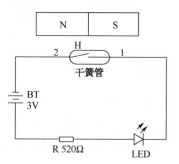

图6-45　干簧管测量电路

（2）根据电路原理图结合实物完成入侵报警器电路布局。实物布局图如图6-46所示，供读者参考。

图6-46　实物布局图

（3）元器件焊接。

在焊接元器件时，要注意合理布局，先焊小元件，后焊大元件，防止小元件插接后掉下来的现象发生。

（4）焊接完成后先自查，然后请教师检查。如有问题，修改完毕后，再请教师检查。

（5）通电并调试电路。

调试过程中常见问题：①电路直接报警，说明继电器连接错误。②三极管发热，可能是因为引脚接错了。

3.　制作注意事项

（1）二极管的极性。

（2）继电器的引脚及关系。

（3）音乐片有空孔没用接收头的极性。

（4）继电器的引脚很容易接错，制作时需仔细测量继电器，并画图做参考。

4.　完成实训报告

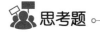 思考题

1. 如果将常开型干簧管换成常闭型的磁敏传感器，对电路设计会有什么影响？
2. 电路中，二极管 1N4148 的作用是什么？如果不放在电路中，对电路有影响吗？

阅读材料

　　磁敏传感器是传感器产品的一个重要组成部分，随着我国磁敏传感器技术的发展，其产品种类和质量正得到进一步发展和提高，已进军汽车、民用仪表等这些量大面广的应用领域。国产的电流传感器、高斯计等产品已经开始走入国际市场，与国外产品的差距正在快速缩小。

　　磁敏传感器都是利用半导体材料中的自由电子或空穴随磁场改变其运动方向这一特性而制成的。按其结构可分为体型和结型两大类。体型的有霍尔传感器，其主要材料为 InSb（锑化铟）、InAs（砷化铟）、Ge（锗）、Si、GaAs 等和磁敏电阻 InSb、InAs。霍尔传感器的主要技术参数见表 6-5。结型的有磁敏二极管 Ge、Si，磁敏三极管 Si。

表 6-5　霍尔传感器的主要技术参数

型号	材料	控制电流（mA）	霍尔电压（mV,0.1T）	输入电阻（Ω）	输出电阻（Ω）	灵敏度（mV/mA,T）	不等位电势（mV）	V_H 温度系数（%/℃）
EA218	InAs	100	>8.5	3	1.5	>0.35	<0.5	0.1
FA24	InAsP	100	>13	6.5	2.4	>0.75	<1	0.07
VHG-110	GaAs	5	5~10	200~800	200~800	30~220	<V_H 的 20%	-0.05
AG1	Ge	20max	>5	40	30	>2.5	—	-0.02
MF07FZZ	InSb	10	40~290	8~60	8~65	—	±10	-2
MF19FZZ	InSb	10	80~600	8~60	8~65	—	±10	-2
MH07FZZ	InSb	1V	80~120	80~400	80~430	—	±10	-0.3
MH19FZZ	InSb	1V	150~250	80~400	80~430	—	±10	-0.3
KH-400A	InSb	5	250~550	240~550	50~110	50~1100	10	<-0.3

　　干簧管是最简单的磁敏传感器，市场上常用的干簧管类型见表 6-6。

表 6-6　市场上常用的干簧管类型

类　型			触点形式	构　造	功能性能
分类形式	超小型	玻璃管长：10mm 以下	A 型（常开）	中心型	
		管径：2mm 以下			
	小型	玻璃管长：10~30mm	B 型		
		管径：3~4mm			
	大型	玻璃管长：30mm 以上	C 型（转接开关型）	偏置型	耐高压、低噪声、指示灯用、超长寿命
		管径：4mm 以上			
相关产品	ORD213 ORD211 ORD228vl ORD221 ORT551		ORD 系列 ORT 系列	ORD 系列 ORD221 ORT551	

四、磁场传感器

磁通门磁敏传感器是利用磁滞回线 B-H 特性曲线为矩形的铁芯制作成的。它是利用具有高导磁率的软磁铁芯在外磁场作用下的电磁感应现象测定外磁场的仪器。它的传感器的基本原理是基于磁芯材料的非线性磁化特性。其敏感元件是由高磁导率、易饱和材料制成的磁芯，有两个绕组围绕该磁芯：一个是激励线圈；另一个则是信号线圈。磁通量闸门型磁敏传感器的名字很少见，但它具有很高的灵敏度，因此可以用于检测地磁场等场合。通过它可以测量地磁要素及其随时间和空间的变化，为地磁场的研究提供基本数据。地磁测量可分为陆地磁测、海洋磁测、航空磁测和卫星磁测，如图 6-47 所示为不同类型的地磁测量仪。

（a）霍尔探矿磁力仪

（b）水下手持质子磁力仪

（c）航空磁力仪

图 6-47　不同种类的地磁测量仪

 思政课堂

国家科研项目阿尔法磁谱仪不能没有中国研制的核心部件

由获得过诺贝尔奖的美籍华裔科学家丁肇中教授领导的阿尔法磁谱仪项目（Alpha Magnetic Spectrometer，简称 AMS）是目前世界上规模最大的科学项目之一。阿尔法磁谱仪是一个计划安装于国际空间站上的粒子物理试验设备，其目的在于探测宇宙中的奇异物质，包括暗物质及反物质。阿尔法磁谱仪的研发任务很艰巨，结构很复杂，但它工作的基本原理却是高中物理中带电粒子在磁场中运动的知识，是一个大型的粒子物理实验。说白了，阿尔法磁谱仪就是一个带电粒子探测器，其核心部件是由中国科学家和工程师经 4 年努力研制的永磁体，该磁体用到了中国储量占世界第一的稀土元素，它可以产生一个很强且稳定的恒定磁场。当宇宙中的带电粒子穿过这个磁场时，磁场就对它施加洛仑兹力使之发生偏转，这时，记录有关数据，再用电子计算机进行数据处理，就可以从中区分出正电子等各种带电粒子。这将为人类解开宇宙起源之谜带来巨大的希望。

第七章 超声波传感器

1793 年，意大利科学家斯帕拉捷发现蝙蝠能够在夜空中自由自在地飞行。通过实验，斯帕拉捷揭开了蝙蝠飞行的秘密：原来，蝙蝠靠喉咙发出人耳听不见的"超声波"，这种声音沿着直线传播，一碰到物体就像光照到镜子上那样反射回来。蝙蝠用耳朵接收到这种"超声波"，就能迅速做出判断，躲避障碍，捕捉猎物。

超声波对液体、固体的穿透能力很强，尤其是在光线不透明的固体中，它可穿透几十米的深度。超声波碰到杂质或分界面会产生显著反射，形成反射回波，碰到活动物体能产生多普勒效应。现在，人们利用超声波来为飞机、轮船导航，寻找地下的宝藏。超声波就像一位"无声"的功臣，广泛地应用于工业、农业、医疗和军事等领域。

一、超声波物理基础

1. 声波的分类

声波是一种机械波，当它的振动频率在 20Hz～20kHz 的范围内时，人耳能够感受得到，称为可闻声波；频率低于 20Hz 的机械振动人耳不能感受到，称为次声波，但许多动物却能感受得到，如地震发生前的次声波就会引起许多动物的异常反应。次声波不容易衰减，不易被吸收，波长往往很长。当某一频率的声波和人体器官的振动频率相近甚至相同时，容易和人体器官产生共振，对人体有很强的伤害性。所谓超声波，就是超出一般人听觉频率范围以上，频率高于 20kHz 的声波。超声波有许多不同于可闻声波的特点。例如，它的指向性很好、能量集中，因此穿透本领大，能穿透几米厚的钢板，而能量损失不大。在遇到两种介质的分界面（如钢板和空气的交界面）时，能产生明显的反射和折射现象。

超声波物理基础

微波是指频率为 300MHz～300GHz、波长在 1mm～1m 的电磁波。微波有穿透、反射、吸收三个特性。对于玻璃、塑料和瓷器，微波几乎是穿透而不被吸收的；对于水和食物等就会吸收微波而使自身发热；对于金属类，则会反射微波。微波广泛应用于液位、物位、厚度和含水量测量。

2. 超声波的波型

超声波是一种在弹性介质中的机械震荡，其波型可分为纵波、横波、表面波。

纵波是指质点的振动方向与波的传播方向一致的波。它能在固体、液体和气体介质中传播，人说话时产生的声波就是纵波；横波是指质点的振动方向垂直于传播方向的波。它只能在固体介质中传播；表面波是指质点的振动介于纵波和横波之间，沿着表面传播，振幅随深度增加而迅速衰减的波。表面波质点振动的轨迹是椭圆形，质点位移的长轴垂直于传播方向，质点位移的短轴平行于传播方向。表面波只在固体的表面传播。当利用超声波进行测量时，多采用纵波。

3. 声速

超声波的传播速度不仅与介质的密度和弹性特性有关，还与环境变化有关。对于液体，其传播速度 C 为

$$C = \sqrt{\frac{1}{\rho \beta_g}} \tag{7-1}$$

式中，ρ——介质的密度；

β_g——绝对压缩系数。

在气体中，传播速度与气体种类、压力及温度有关，在空气中传播速度 C 为

$$C = 331.5 + 0.607t \tag{7-2}$$

式中，t——环境温度。

对于固体，其传播速度 C 为

$$C = \sqrt{\frac{E(1-\mu)}{\rho(1-\mu)(1-2\mu)}} \tag{7-3}$$

式中，E——固体的弹性模量；

μ——泊松系数比。

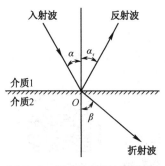

图 7-1　超声波的反射和折射

4. 超声波的反射和折射

当一束光线照射到水面上时，有一部分光线会被水面所反射，而剩余的光线会射入水中，但前进的方向会有所改变，称为折射。与此相似，当超声波以一定的入射角从一种介质传播到与另一种介质的分界面上时，一部分能量反射回原介质，称为反射波；另一部分能量则透过分界面，在另一介质内继续传播，称为折射波或透射波，如图 7-1 所示。入射角 α 与反射角 α_r 以及折射角 β 之间遵循类似光学的反射定律和折射定律。

如果入射波的入射角 α 足够大时，将导致折射角 $\beta = 90°$，则此时的折射波只能在介质表面传播，折射波将转换为表面波，这时的入射角称为临界角。如果入射声波的入射角 α 大于临界角，将导致声波的全反射。

反射定律：入射角 α 的正弦与反射角 α_r 的正弦之比等于入射波所处介质中的声速 C 与反射波所处介质中的声速 C_r 之比。其公式为

$$\frac{\sin \alpha}{\sin \alpha_r} = \frac{C}{C_r} \tag{7-4}$$

折射定律：入射角 α 的正弦与折射角 β 的正弦之比等于入射波所处介质中的声速 C 与反射波所处介质中的声速 C_t 之比。其公式为：

$$\frac{\sin \alpha}{\sin \beta} = \frac{C}{C_t} \tag{7-5}$$

5. 声波在介质中的衰减

由于多数介质中都含有微小的结晶体或不规则的缺陷，超声波在这样的介质中传播

时，在晶体表面或缺陷界面会引起散射，从而使沿入射方向传播的超声波的声强下降。由于介质的质点在传导超声波时，存在弹性滞后及分子内摩擦，它将吸收超声波的能量，使其转换成热能；又由于传播超声波的材料存在各向异性结构，使超声波发生散射，随着传播距离的增加，声强逐渐衰减，其衰减的程度与声波的扩散、散射及吸收等因素有关。其声压和声强的衰减规律为

$$P_x = P_0 e^{-\alpha x} \tag{7-6}$$

$$I_x = I_0 e^{-2\alpha x} \tag{7-7}$$

式中，P_x——平面波在 x 处的声压；

$\quad\quad I_x$——平面波在 x 处的声强；

$\quad\quad P_0$——平面波在 $x=0$ 处的声压；

$\quad\quad I_0$——平面波在 $x=0$ 处的声强；

$\quad\quad x$——声波与声源间的距离；

$\quad\quad \alpha$——衰减系数，单位为奈培/厘米。

介质中的声强衰减与超声波的频率及介质的密度、晶粒粗细等因素有关。晶粒粗细或介质密度越小，衰减越快；频率越高，衰减也越快。

气体的密度很小，因此衰减较快，尤其在频率高时衰减更快。因此，在空气中传导的超声波的频率选得较低，约数十千赫兹，而在固体、液体中则选用频率较高的超声波。

6. 超声波的波长

超声波的波长 λ 乘以频率 f 等于声速 C：

$$C = \lambda f \tag{7-8}$$

二、超声波传感器

什么是超声波传感器呢？超声波传感器都有几种？各有什么用途？

超声波传感器就是利用超声波作为信息传递媒介的传感器，又称为超声波换能器或超声波探头。传统的超声波传感器使用的是扬声器之类的动圈式转换器、电容式麦克风之类的可变电容式转换器或者磁滞伸缩器件。而压电陶瓷振子式是近年来常使用的超声波传感器类型。如图 7-2 所示为通用型超声波传感器的结构。此种类型的超声波传感器的主要元件是压电晶体，利用压电效应工作，将超音频脉冲电压加在超声波发射探头的压电晶片上，利用逆压电效应，向介质发射超声波。当有超声波作用在接收探头的压电晶片上时，利用压电效应，将接收到的超声波信号转换成电信号。其中，只有一个压电晶体的称为单压电振子型超声波传感器；有两个压电晶体的称为双压电振子型超声波传感器。

超声波传感器

超声波传感器的功能是将超声波辐射到空气或水中，或者接收辐射而来的超声波。因此，超声波传感器分为发送器和接收器，如图 7-3 所示。对于同一个超声波传感器也可具有发送和接收声波的双

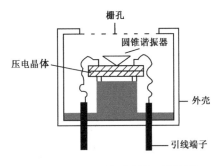

图 7-2　通用型超声波传感器结构

栅孔
圆锥谐振器
压电晶体
外壳
引线端子

重功能，称为可逆传感器，图 7-4 所示的压电陶瓷超声波传感器实物，就为此种类型。一般情况下，超声波传感器用于近距离检测。市场上常用的超声波传感器根据功能主要分为以下三种。

图 7-3　TCT40-16T1&R1 型收发超声波传感器

图 7-4　压电陶瓷超声波传感器实物

1. 通用型

通用型超声波传感器一般采用双叠片形式：两片极化方向相同的压电片粘结在一起，构成双叠片形式；也可用一片压电片粘结在薄金属片上组成。当在两电端加上直流电压，由于正压电效应，当一片发生伸长应变时，另一片发生收缩应变，双叠片发生弯曲；改变电压方向，弯曲方向也发生改变。当双叠片发生弯曲振动时，从而产生与压电陶瓷振子同一频率的超声波。通过胶接在双叠片上的喇叭发射出去。同理，当超声波作用于双叠片时，会引起双叠片的振动，利用逆压电效应，在双叠片两电端会产生一个电信号，从而起到遥控作用。

通用型超声波传感器一般是由发送器和接收器组成的，其中 F（T）为发送器；S（R）为接收器，极性如图 7-5 所示。通用型超声波传感器的带宽为几千赫兹，具有灵敏度高、抗噪声干扰强的优点，其缺点是频率带宽较窄。通过拓宽超声波传感器带宽可以将频率一点一点地移动，也可实现多频道通信的用途。如图 7-6 所示的超声波传感器就是典型的通用型超声波传感器。

图 7-5　超声波发射器和接收器实物

图 7-6　TC40-16T/R 型通用型超声波传感器

2. 防水型

防水型超声波传感器是为了在室外也能够使用，而将其制作成的非开放型或密封结构的超声波传感器。它也是利用压电陶瓷的压电效应，当在压电陶瓷片上加一个电信号时，它会产生形变，引起振动从而发射出超声波，当碰到障碍物时，超声波反射回来又作用于压电陶瓷片上，产生一个电信号输出。利用声波传播速度不变的原理，根据发射出去和接收到信号之间的时间间隔，判断出障碍物与传感器的距离。图 7-7～图 7-10 所示为不同种类的防水型超声波传感器。

图 7-7　40RS 型收发一体式防水型
超声波传感器

图 7-8　SA009 型 ϕ22 单角度带线
探头防水型超声波传感器

图 7-9　SA027 型 φ21 双角度带线探头防水型超
声波传感器

图 7-10　SA014 型 φ22 单角度防水型
超声波传感器

3. 高频型

通用型超声波传感器和防水型超声波传感器的中心频率都是几十千赫兹，实际上，频率在 100kHz 以上的超声波传感器也有出售，例如，发射接收一体化的 MA200A1 型超声波传感器，其中心频率高达 200kHz，可以进行高分辨率测量。

除此之外，在日常生产生活中，经常应用到的超声波传感器如图 7-11～图 7-15 所示。

图 7-11　20MM JR601 型超声波换能片

图 7-12　一个开关量输出超声波传感器

图 7-13　二个开关量输出 M30
系列超声波传感器

图 7-14　对射式
超声波传感器

图 7-15　模拟量输出超长扫描
型超声波传感器

三、超声波传感器的应用

根据超声波走向分类可以分为透射型和反射型两类，当超声波发生器与接收器置于被测物两侧时为透射型，同一侧为反射型。

（1）超声波探伤：利用超声能透入金属材料的深处，并由一截面进入另一截面时，在界面边缘发生反射的特点来检查零件缺陷的一种方法。当超声波束自零件表面由探头通至金属内部，遇到缺陷与零件底面时发生反射波，在检测器的荧光屏上形成脉冲波形，根据这些脉冲波形来判断缺陷位置和大小。超声波探伤主要用于检测金属板材、焊缝等材料中的裂缝、气孔、夹渣等。

（2）超声波测量流量：在被测管道上安装两组发射接收探头，一组顺着流向安装，另一组逆着流向安装，因为超声波可以在流体中的传播，但不同流速下，传播速度有差别，根据两组探头速度差就能够算出流量。

（3）超声波测量厚度：超声波发射器发出超声波进入被测件内部，当超声波到达底部后反射回来，被接收器接收，根据时间间隔进行厚度计算。

（4）超声波测量物体位置：设置一组超声波发射器和接收器，安装在被测物体一段距离，根据超声波往返这段距离的时间进行计算。

（5）超声波测量液体密度：超声波在液体中传播的速度与液体密度有关，设置一组超声波发射器和接收器，根据超声波在被测液体中传播的时间大小来测量液体密度。

四、空化作用

空化作用是超声波以每秒两万次以上的压缩力和减压力交互性的高频变换方式向液体进行透射。液体中的微小气泡核在超声波作用下产生振动，当声压达到一定值时，气泡将迅速膨胀，然后突然闭合，在气泡闭合时产生冲击波，此时可产生大量近真空的"空腔泡"，近真空的"空腔泡"受压力压碎时产生强大的冲击力，由此剥离被清洗物表面的污垢，从而达到精密洗净目的。这种膨胀、闭合、振荡等一系列动力学过程称为超声波空化作用。

超声波清洗。很多精密的元件或昂贵的衣物需要用超声波清理，当超声波的机械振动作用在清洗液介质以后，液体介质在这种高频波振动下将会产生近真空的"空腔泡"。空腔泡在液体介质中不断碰撞、消失、合并时，可使用周围局部产生极大的压力，这种极其强大的压力足以能使物质分子发生变化，当"空腔泡"的变化频率与超声波的振动频率相等时，便可产生共振作用，共振的"空腔泡"内因聚集了大量的热能，这种热能足以能使周围物质的化学键断裂，从而导致真空的"空腔泡"的两泡壁间产生较大的电位差，并引起放电，致使腔内的气体活化，这种活化了的气体进而引发了周围物质活化，从而使物质发生一系列化学、物理变化。

超声波空化作用提供了物质在发生物理、化学变化时所需的能量，能够削弱和去除污物与玻璃零件或衣物表面间的附着力和结合力，同时可以保持原有的表面外观或形状。

▼ 项目 17 超声波测距仪的设计与制作 ▪ ▪ ▪ ▪

⬇ 任务引入

人耳最高只能感觉到大约 20000 Hz 的声波，频率更高的声波就是超声波了。超声波有两个特点，即沿直线传播，能量大。

超声波的应用非常广泛。例如，在我国北方干燥的冬季，把超声波通入水罐中，剧烈的振动会使罐中的水破碎成许多小雾滴，再用小风扇把雾滴吹入室内，就可以增加室内空气湿度。这就是超声波加湿器的原理。对于咽喉炎、气管炎等疾病，药力很难达到患病的部位，利用加湿器的原理，把药液雾化，让病人吸入，能够增进疗效。如图 7-16 所示为超声波在医学方面的应用。除此之外，超声波在工矿业、农业、军事等各个领域都获得了广泛应用。如图 7-17 所示为超声波在工业印刷机械上的实际应用。

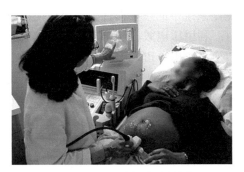

图 7-16　医疗超声波检测 　　　　　图 7-17　超声波单双张检测器在四色胶印机中的应用

任务目标

掌握超声波发射电路和接收电路的工作原理及电路特性。

能够设计制作超声波测距仪。

培养学生认真的学习态度和严谨的工作作风。

原理分析

本项目中，将要制作一个简易的超声波测距仪电路。该超声波测距仪通过超声波发射装置发出超声波，根据接收器接到超声波时的时间间隔就可以知道距离。即超声波发射器向某一方向发射超声波，在发射的同时开始计时，超声波在空气中传播，途中碰到障碍物后就立即反射回来，超声波接收器收到反射波时停止计时。超声波在空气中的传播速度为 340m/s，根据计时器记录的时间 t，就可以计算出发射点距障碍物的距离 s，即 $s=340t/2$。

1. 超声波发射电路

如图 7-18 所示，利用 IC4 反相器 74LS04、R_3 和 R_4 电阻及 RP 电位器组成方波信号发生器，调整 RP 电位器使输出信号频率为 40kHz，发射控制端接高电平或者悬空，振荡器起振产生方波信号，相反，控制端接地，振荡器停振。因此，可利用发射控制端接高电平的时间长短来控制脉冲串的数量，通过超声波驱动电路 74LS04 加到超声波传感器，进而发射出超声波。由于超声波的传播距离与它的振幅呈正比，为了使测距范围足够远，可对振荡信号进行功率放大后再加在超声波传感器上。

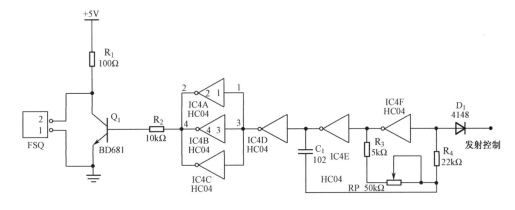

图 7-18　超声波发射器

图中，FSQ 为超声波发射传感器，是超声波测距系统中的重要器件。利用逆压电效应可将加在其上的电信号转换为超声机械波向外辐射；利用压电效应还可以将作用在它上面的机械振动转换为相应的电信号，从而起到能量转换的作用。市场上的超声波传感器主要分为专用型和兼用型，专用型就是发送器用于发送超声波，接收器用于接收超声波。兼用型就是收发一体，只有一个传感器头，具有发送和接收声波的双重作用，称为可逆元件。

2. 超声波接收电路

超声波接收及信号处理电路是此系统设计和调试的一个难点。超声波接收器接收反射的超声波转换为 40kHz 毫伏级的电压信号，需要经过放大、处理，用于触发单片机中断 INT0。一方面，传感器输出信号微弱，同时根据反射条件不同信号大小变化较大，需要放大 100～5000 倍；另一方面，传感器输出阻抗较大，需要高输入阻抗的多级放大电路，这就会引入两个问题：高输入阻抗容易接收干扰信号，同时多级放大电路容易自激振荡。参考各种资料，最后选用专用集成前置放大器 CX20106，达到了比较好的效果。超声波接收电路如图 7-19 所示。

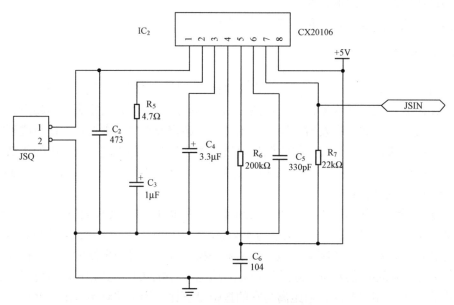

图 7-19　超声波接收电路

CX20106 由前置放大器、限幅放大器、带通滤波器、检波器、积分器、整形电路组成。其中，前置放大器具有自动增益控制功能，可以保证在超声波传感器接收较远反射信号并输出微弱电压时，放大器有较高的增益，以及在近距离输入信号过强时放大器不会过载。带通滤波器中心频率可由芯片脚 5 的外接电阻调节。其主要指标：单电源 5V 供电，电压增益 77～79dB，输入阻抗 27kΩ，滤波器中心频率 30～60 kHz。功能可描述为：在接收到与滤波器中心频率相符的信号时，其输出脚 7 脚输出低电平。芯片中的带通滤波器、积分器等使得它有很强的抗干扰能力。

CX20106 采用 8 脚单列直插式塑料封装，内部结构框图如图 7-20 所示。超声波接收器能将接收到的发射电路所发射的超声波信号转换成数十伏至数百伏的电信号，送到 CX20106 的 1 脚。CX20106 的总放大增益约为 80dB，以确保其 7 脚输出的控制脉冲序列信号幅度在 3.5～5V。总增益大小由 2 脚外接的 R_5、C_3 决定，R_5 越小或 C_3 越大，增益越高。C_3 取值过大时，将造成频率响应变差，通常取为 $1\mu F$。C_4 为检波电容，一般取 $3.3\mu F$。CX20106 采用峰值检波方式，当 C_4 容量较大时，将变成平均值检波，瞬态响应灵敏度会变低，C_4 较小时虽然仍为峰值检波，且瞬态响应灵敏度很高，但检波输出脉冲宽度会发生较大变动，容易造成解调出错而产生误操作。R_6 为带通滤波器中心频率为 f_0 的外部电阻，改变 R_6 阻值，可改变载波信号的接收频率，当 f_0 偏离载波频率时，放大增益会显著下降。C_5 为积分电容，一般取 330pF，若取值过大，虽然可使抗干扰能力增强，但也会使输出编码脉冲的低电平持续时间增长，造成遥控距离变短。7 脚为输出端，CX20106 处理后的脉冲信号由 7 脚输出。通过识别 7 脚脉冲信号，就能判断是否接收到发射器所发射的超声波信号。

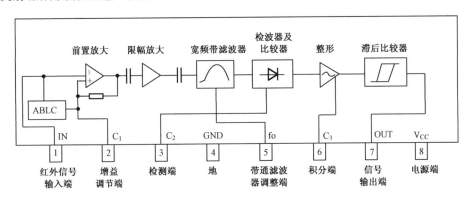

图 7-20　CX20106 内部结构框图

任务实施

1. 准备阶段

制作超声波测距仪电路元器件清单见表 7-1，本电路的核心元件是超声波发射、接收传感器，集成块采用 74HC04 和 CX20106，如图 7-21、图 7-22 所示，其结构如图 7-23、图 7-24 所示。电源电压范围是 3～25V。电路散件元器件如图 7-25 所示。

表 7-1　超声波测距仪元器件清单

元 器 件		说 明	元 器 件		说 明
超声波发射器	Fs	T	电阻	R_1	100Ω
超声波接收器	Js	R		R_2	10kΩ
反相器	IC_1	74HC04		R_3	5kΩ
前置放大器	IC_2	CX20106		R_4	22kΩ
电容	C_1	102		R_5	4.7Ω
	C_2	473		R_6	200kΩ
	C_3	$1\mu F$		R_7	22kΩ
	C_4	$3.3\mu F$	插座	CZ	4 个端子
导线	多芯线	4 根			

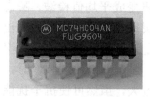

图 7-21　74HC04 集成块

图 7-22　CX20106 集成块

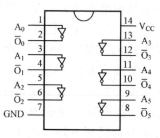

图 7-23　74HC04 集成块结构图

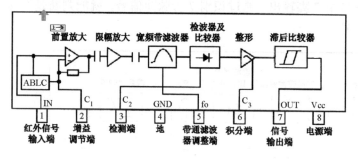

图 7-24　CX20106 集成块结构图

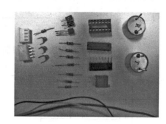

图 7-25　超声波测距仪散件元器件

2．制作步骤

（1）利用 Protel 软件绘制超声波测距仪电路原理图，如图 7-26 所示。

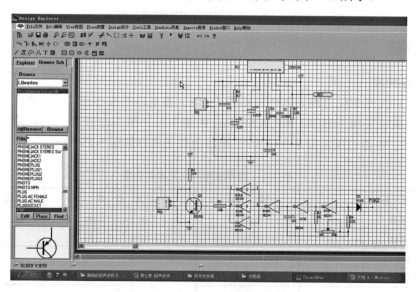

图 7-26　绘制好的超声波测距仪

（2）绘制超声波测距仪 PCB 图。

因为本电路需要较强的抗干扰能力，所以要制作单面 PCB。根据要求首先量好板子尺寸，本项目设计的板子尺寸为：12cm×8cm。将发射电路与接收电路器件分开放置，防止产生干扰；发射电路、接收电路的地线汇聚点在接线端子处；高频线路导线布线以最短为原则；元件摆放尽量紧凑，如图 7-27 所示。

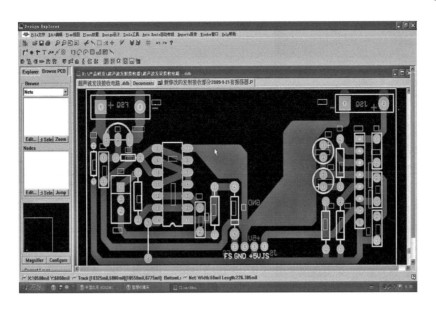

图 7-27 生成超声波测距仪 PCB 图

（3）打印热转印纸。

用激光打印机将设计好的图形打印到热转印纸上，注意打印反图，如图 7-28 所示。

（4）处理覆铜板表面。

量好覆铜板尺寸，用铁锯截取下来，然后用去污粉擦洗表面，或者用 0 号砂纸轻轻打磨表面，禁止使用粗的砂纸打磨表面，如图 7-29 所示。

图 7-28 打印热转印纸

图 7-29 处理覆铜板表面

（5）热转印线路板。

将打印出来的图形放到处理过的覆铜板表面，并用胶带固定，防止错位。将覆铜板放到热转印机中，加温、加压三分钟后移出来。也可以用电熨斗尝试，注意控制好电熨斗的温度，然后缓慢运行，如图 7-30 所示。

（6）去掉转印纸。

待转印好的覆铜板自然冷却后，揭掉转印纸，PCB 图形即印到覆铜板表面了。然后用油性记号笔修补断线、砂眼等处，等待下一步腐蚀，如图 7-31 所示。

（7）配置腐蚀液。

将稀盐酸和双氧水按 1：5 比例，分别注入放有少量水的塑料盆中（混合液量能淹没 PCB 板子即可），如图 7-32 所示。然后用玻璃棒搅拌均匀等待使用，如图 7-33 所示。

图 7-30　热转印线路板

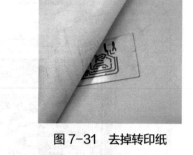

图 7-31　去掉转印纸

图 7-32　配比腐蚀液

图 7-33　搅拌腐蚀液

（8）腐蚀板子。

将待腐蚀的 PCB 板子线路朝上，放入盆中，然后用长毛软刷往返均匀轻刷，及时清除化学反应物，加快腐蚀速度，不能用硬刷，以免将导线或者焊盘刷掉。待不需要的铜箔完全消除后，及时取出，清洗干净，如图 7-34 所示。注意：腐蚀液呈酸性，对皮肤、衣物有腐蚀，不要弄到身上或者手上。

（9）打孔。

将 PCB 板子钻孔，插装焊接元器件。孔径要根据元件引脚直径来确定，通常孔径为元器件引脚直径+0.3mm 左右为宜。钻孔可用台钻或者手电钻，如图 7-35 所示。钻孔时，钻头进给速度不要太快，防止焊盘出现毛刺。

图 7-34　腐蚀电路板

图 7-35　电路板钻孔

（10）表面处理。

用去污粉或者 0 号砂纸（不可以用粗砂纸）再次打磨，去掉转印留下的油漆或者打印机的碳粉，如图 7-36 所示。直到印制线条和焊盘光洁明亮，然后清洗 PCB 板子，最后用助焊剂（松香酒精液体混合）涂抹表面，防止表面氧化，如图 7-37 所示。

（11）根据电路原理图，结合实物完成超声波测距仪电路布局。实物布局图如图 7-38所示，供读者参考。

图 7-36　表面打磨

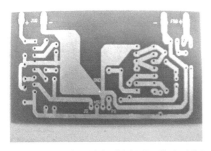

图 7-37　成型的超声波测距仪电路板

（12）安装电子元器件。

安装电子元器件时，一般先安装小的元器件，如电阻、电容等，然后安装较大的元器件，如集成块等，安装要整齐、规范。

（13）焊接元器件。

焊接操作时，确保焊点圆润、光滑、饱满，防止出现假焊现象；注意电烙铁焊接时间不要太长，一般为 3ms 左右，防止损坏覆铜板上的铜条，或者损坏元器件；最后安装插座和导线，如图 7-39 所示。

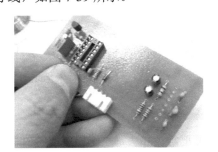

图 7-38　实物布局图

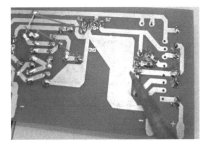

图 7-39　焊接元器件

安装时，还要注意区别超声波发射传感器和接收传感器及正负极。T 代表发射器；R 代表接收器，如图 7-40 所示。制作成功的超声波测距仪电路如图 7-41 所示。

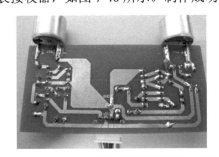

图 7-40　超声波发射器和接收器的区别

图 7-41　制作成功的电路

（14）超声波发射电路调试。

将元器件焊接完成后，检查线路板、导线有无短路、断路现象。然后加上 5V 电源，用万用表测量 74LS04 插座电源电压 5V 是否正常，然后断开电源，再安装 74LS04 芯片，重新上电，调整 RP 电位器，用示波器观察输出方波信号直到频率为 40kHz 为止。图 7-42 所示为超声波发射电路调试。

图 7-42 超声波发射电路调试

（15）超声波接收电路调试。

接收电路的调试分两步：首先检查超声波接收器 R 是否正常，方法是用示波器探头卡住超声波接收器 R 的正极端，负极接地，然后将其对准示波器显示屏，调整示波器垂直挡位旋钮为最小值 2mV/div，直到出现如图 7-43 所示的正弦波形，说明接收器正常。图 7-44 所示为超声波接收器 R 正极端信号波形。

图 7-43 正弦波形

图 7-44 R 正极端信号波形

然后检查前置级放大器 CX20106 及外围电路是否正常，方法是：使超声波发射器发射 40kHz 超声波，将超声波测量板探头对准示波器的荧光屏，用示波器探头测量 CX20106 芯片 7 脚，如果输出信号为脉冲信号，证明接收电路收到了发射器发出的超声波信号；将发射器控制端接地，通过示波器观察 7 脚脉冲信号消失，证明电路正常，没有产生自激振荡干扰。

3. 制作注意事项

（1）画 PCB 时注意量好尺寸，元器件摆放应整齐、紧凑。

（2）集成块的引脚顺序应正确，在电路完成之前不要将集成块插入引脚座。

（3）注意区分超声波发射器和接收器，不能装反。

4. 完成实训报告

思考题

1. 在超声波接收电路中，CX20106 有什么作用？

2. 利用 NE555 电路能否产生 40kHz 的方波信号？画出电路图，有条件的同学可以尝试利用上述方法做一块 PCB。

 阅读材料

我国的超声波技术

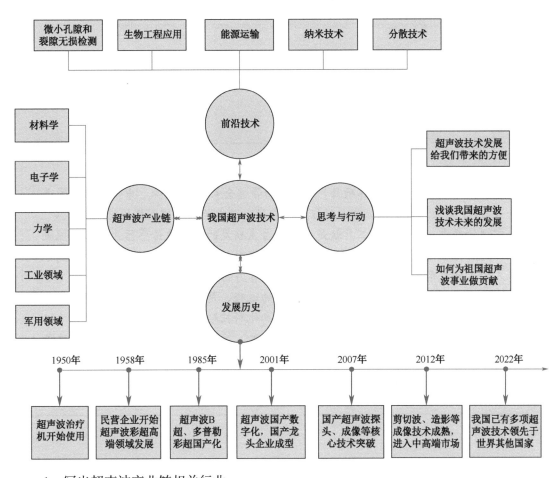

1. 写出超声波产业链相关行业

汽车业	
医学	
航空航天	
智能电子	

2. 写出超声波前沿技术应用

无损检测	
生物技术	
能源运输	
纳米技术	
分散技术	

3. 思考如何为祖国超声波事业发展做出贡献

核心思想	
奋斗目标	
具体行动	
学习与思考	

 思政课堂

中国造超声波传感器在中俄管道检修中大显神威

中国和俄罗斯能源合作项目，中俄石油管道全长 4770 千米、中俄天然气管道全长 6371 千米。为了保证能源供应的可靠性，这么长的管道常规检修至关重要。在常规检修中，检修用的工具就是由中国自主研发的超声波传感器为核心的探测器，这种探测器不损伤管道结构，可以用非接触的方式进行检测，极大地提高了工人的工作效率，为中俄能源合作提供了最有力的保障。

超声波技术的进步，是从量变到质变的过程，是我国几代从事科技研究人员的不懈努力的结果。除了大力支持发展信息化科技研发工作，我国一直对人才培养十分重视，只有源源不断的年轻力量的涌入，才能够支持中国在科技强国这条道路上不断前行。因此，我们要具有不断探索，知学好学的研究精神，厚植爱国报国的真挚情怀，不遗余力地为国家发展做出贡献。

第八章　力传感器

力传感器的用途极广，在工农业生产、矿业、医学、国防、航空、航天、交通运输等许多领域都得到了广泛的应用。力的测量需要通过力传感器完成。图 8-1 所示为力传感器的测量示意图。

图 8-1　力传感器的测量示意图

力传感器有许多种，主要是用于测量力、加速度、扭矩、压力、流量等物理量。这些物理量的测量都与机械应力有关，所以把这类传感器称为力传感器。力传感器的种类繁多，应用较为普遍的有：电阻式、电容式、磁阻式、振弦式、压阻式、压电式、光纤式等。目前，市场上的力传感器主要有以下几种：电阻式（电位器式和应变片式）、电感式（自感式、互感式和涡流式）、电容式、压电式、压磁式和压阻式等，这些传感器大多需要弹性敏感元件或其他敏感元件的转换。

一、电阻应变片传感器

1. 电阻应变效应

电阻应变片传感器是一种利用电阻应变效应将机械形变转换为电阻应变的传感器。导体或半导体材料在外力的作用下产生机械形变时，其电阻值亦将发生变化，这种现象称为电阻应变效应。根据电阻应变效应，可将应变片粘贴于被测材料上，这样被测材料受到外力作用产生的应变就会传送到应变片上，使应变片的电阻值发生变化，通过测量应变片电阻值的变化就可得知被测量的大小。任何非电量只要能设法变换为应变，都可以利用电阻应变片进行电测量。电阻应变片传感器由电阻应变片和测量电路两部分组成。

电阻应变
片传感器

2. 电阻应变片的粘贴

应变片是通过黏合剂粘贴到试件上的，黏合剂的种类很多，选用时要根据基片材料、工作温度、潮湿程度、稳定性、是否加温加压、粘贴时间等多种因素合理选择黏合剂。

应变片的粘贴质量直接影响应变测量的精度，必须十分注意。应变片的粘贴工艺包括：试件贴片处的表面处理，贴片位置的确定，应变片的粘贴、固化，引出线的焊接及保护处理等。现将粘贴工艺简述如下。

① 试件的表面处理。为了保证一定的黏合强度，必须将试件表面处理干净，清除杂质、油污及表面氧化层等。粘贴表面应保持平整，表面光滑。最好在表面打光后，采用喷砂处理。面积为应变片的3～5倍。

② 确定贴片位置。在应变片上标出敏感栅的纵、横向中心线，在试件上按照测量要求划出中心线。精密操作时，可以用光学投影方法来确定贴片位置。

③ 粘贴。首先用甲苯、四氢化碳等溶剂清洗试件表面。如果条件允许，也可采用超声清洗。应变片的底面也要用溶剂清洗干净，然后在试件表面和应变片的底面各涂一层薄而均匀的树脂等。贴片后，在应变片上盖上一张聚乙烯塑料薄膜并加压，将多余的胶水和气泡排出，加压时要注意防止应变片错位。应变片是通过黏合剂粘贴到试件上的。如图 8-2 所示为不同种类的黏合剂。应变片的粘贴质量直接影响应变测量的精度，如图 8-3 所示为应变片防护材料。

图 8-2　应变片黏合剂

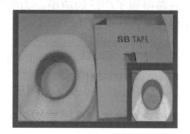

图 8-3　应变片防护材料

④ 固化。贴好后，根据所使用的黏合剂的固化工艺要求进行固化处理和时效处理。

⑤ 粘贴质量检查。检查粘贴位置是否正确，黏合层是否有气泡和漏贴，敏感栅是否有短路或断路现象，以及敏感栅的绝缘性能等。

⑥ 引线的焊接与防护。检查合格后即可焊接引线。引出导线要用柔软、不易老化的胶合物适当地加以固定，以防止导线摆动时折断应变片的引线。然后在应变片上涂一层柔软的防护层，以防止大气对应变片的侵蚀，保证应变片长期工作的稳定性。

3. 应变片的种类

应变片可分为金属应变片及半导体应变片两大类。前者可分成金属丝式、箔式、薄膜式三种。金属丝式应变片使用最早，有纸基、胶基之分。由于金属丝式应变片蠕变较大，金属丝易脱胶，有逐渐被箔式所取代的趋势，但其价格便宜，多用于要求不高的应变、应力的大批量、一次性试验。金属丝式应变片是用直径约为 0.025mm 的、具有高电阻率的电阻丝制成的，其结构示意图如图 8-4 所示，实物如图 8-5 所示。为了获得高的阻值，电阻丝排成栅网状，并粘贴在绝缘的基片上，电阻丝的两端焊接有引出导线，线栅上面粘贴具有保护作用的覆盖层。

金属箔式应变片中的箔栅是金属箔通过光刻、腐蚀等工艺制成的。箔的材料多为电阻率高、热稳定性好的铜镍合金（康铜）。箔的厚度一般为 0.001～0.005mm，箔栅的尺寸、形状可以按使用者的需要制作，如图 8-6 所示就是其中的一种。由于金属箔式应变片与片基的接触面积比丝式大得多，因此散热条件较好，可允许流过较大的电流，而且长时间测量时的蠕变也较小。箔式应变片的一致性较好，适合于大批量生产，目前广泛用于各种应变式传感器的制造中，如图 8-7～图 8-9 所示为不同类型的箔式应变片及传感器。

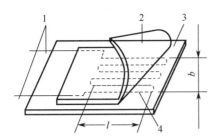

1—引线；2—覆盖层；3—基底；4—电阻丝

图 8-4　电阻丝应变片结构示意图

图 8-5　金属电阻丝应变片实物

图 8-6　BE350-4HA 型箔式应变片

图 8-7　高精度技术箔式应变片

图 8-8　6kg 电阻应变式双孔压力传感器

图 8-9　ULT251 系列应变力传感器

　　在平面力场上，为测量某一点上主应力的大小和方向，常须测量该点上两个或三个方向的应变。为此需要把两个或三个方向的应变片逐个黏结成应变花，或直接通过光刻技术制成。应变花分为互成 45° 的直角形应变花和互成 60° 的等角形应变花两种基本形式，如图 8-10 和图 8-11 所示。

图 8-10　呈 45° 的直角形应变花

图 8-11　呈 60° 的等角形应变花

薄膜式应变片的敏感栅是由以蒸镀或溅射法沉积的金属、合金薄膜制成的，其厚度一般在 0.1μm 以下。实际上，通常是将薄膜式应变片与传感器的弹性体制成一个不可分割的整体，亦即在传感器弹性体的应变敏感部位表面上首先沉积形成很薄的绝缘层，其次在其上面沉积薄膜应变片的图形，最后再覆上一层保护层。由于薄膜式应变片与传感器的弹性体之间只有一层超薄绝缘层（厚度仅为几个纳米），很容易通过弹性体散热，因此允许通过比其他种类应变片更大的电流，并且可以获得更高的输出和更佳的稳定性。如图 8-12 和图 8-13 所示为不同类型的薄膜式应变片。

图 8-12　FSR400 型薄膜式应变片　　　　　图 8-13　FSR402 型薄膜式应变片

半导体应变片是用半导体材料作敏感栅而制成的，如图 8-14 所示。当它受力时，电阻率随应力变化而变化。它的主要优点是灵敏度高（灵敏度比金属丝式、箔式大几十倍），主要缺点是灵敏度的一致性差、温漂大、电阻与应变间非线性严重。在使用时，需采用温度补偿及非线性补偿措施。如图 8-15 所示为常用的半导体应变计。

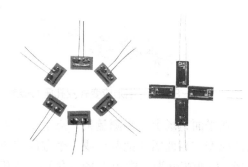

图 8-14　HU-101 型半导体应变片　　　　　图 8-15　MC-AF 型半导体应变计

4. 测量转换电路

电阻应变片把机械应变信号转换为电阻变化量后，由于应变量及相应电阻变化一般都很微小，难以直接精确测量，且不便处理。因此，要采用转换电路把应变片的电阻变化转换成电压或电流变化，其转换电路常用测量电桥。如图 8-16 所示为桥式测量转换电路。电桥的一个对角线结点接入电源电压 U_i，另一个对角线结点为输出电压 U_o。为了使电桥在测量前的输出电压为零，应该选择四个桥臂电阻，使 $R_1R_3=R_2R_4$ 或 $R_1/R_2=R_4/R_3$，这就是电桥平衡的条件。

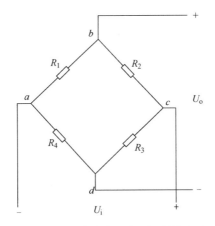

图 8-16 基本应变桥式测量转换电路

当每个桥臂电阻变化值 $\Delta R \ll R_i$，且电桥输出端的负载电阻为无限大时，为全等臂形式工作，即 $R_1 = R_2 = R_3 = R_4$（初始值）时，电桥输出电压可用下式近似表示（误差小于 5%）

$$U_{\mathrm{o}} = U_{\mathrm{i}}\left(\frac{\Delta R_1}{R_1} - \frac{\Delta R_2}{R_1} + \frac{\Delta R_3}{R_3} - \frac{\Delta R_4}{R_4}\right) \tag{8-1}$$

由于 $\Delta R_1 / R = K\varepsilon_x$，当各桥臂应变片的灵敏度 K 都相同时，有

$$U_{\mathrm{o}} = \frac{U_{\mathrm{i}}}{4}K(\varepsilon_1 - \varepsilon_2 + \varepsilon_3) \tag{8-2}$$

式中的 ε_1、ε_2、ε_3、ε_4 可以是试件的拉应变，也可以是试件的压应变，取决于应变片的粘贴方向及受力方向。若是拉应变，ε 应以正值代入；若是压应变，ε 应以负值代入。如果设法使试件受力后，应变片 $R_1 \sim R_4$ 产生的电阻增量（或感受到的应变 $\varepsilon_1 \sim \varepsilon_4$）正负号相间，就可以使输出电压 U_{o} 成倍地增大。根据不同的要求，应变电桥有不同的工作方式。

① 单臂半桥工作方式（R_1 为应变片，R_2、R_3、R_4 为固定电阻，$\Delta R_2 \sim \Delta R_4$ 均为零），此时电桥输出电压 $U_{\mathrm{o}} \approx \dfrac{\Delta R}{4R}U_{\mathrm{i}}$。

② 双臂半桥工作方式（R_1、R_2 为应变片，R_3、R_4 为固定电阻，$\Delta R_3 = \Delta R_4 = 0$），此时电桥输出电压 $U_{\mathrm{o}} \approx \dfrac{\Delta R}{2R}U_{\mathrm{i}}$。

③ 全桥工作方式（电桥的四个桥臂都为应变片），此时电桥输出电压 $U_{\mathrm{o}} \approx \dfrac{\Delta R}{R}U_{\mathrm{i}}$。

上述三种工作方式中，全桥工作方式的灵敏度最高，双臂半桥次之，单臂半桥灵敏度最低。采用双臂半桥或全桥的另一个好处是能实现温度自补偿的功能。当环境温度升高时，桥臂上的应变片温度同时升高，温度引起的电阻值漂移数值一致，代入式（8-1）中可以相互抵消，所以这两种桥路的温漂较小。实际使用中，R_1、R_2、R_3、R_4 不可能严格呈比例关系，所以即使在未受力时，桥路的输出也不一定能为零，因此必须设置调零电路，如图 8-17所示。调节 RP，最终可以使 $R_1 / R_2 = R_4 / R_3$，电桥趋于平衡，U_{o} 被预调到零位，这一过程称为调零。图中的 R_5 用于减小调节范围的限流电阻。上述的调零方法在电子秤等仪器中被广泛使用。

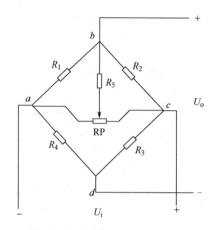

图8-17　桥路的调零测量电路

▼ 项目18　应变片的应用 ● ● ● ●

📥 任务引入

电子秤是日常生活中常见的称量仪表，广泛应用于各种场合，如图8-18所示。应变式传感器在电子秤中的应用也很广泛，例如，电子轨道衡、电子汽车秤、电子吊车秤、电子配料秤、电子皮带秤、电子定量灌包秤等。本项目中，主要了解一下应变片这种传感器。

图8-18　电子秤

📖 任务目标

掌握应变片传感器的工作原理及其特性。

能够独立完成应变片电路的制作并进行性能测试。

培养学生的爱国主义情怀和民族自豪感。

📋 原理分析

首先做这样一个实验，取一根细电阻丝，两端接上一台数字式欧姆表，记下其初始阻值。当用力将该电阻丝拉长时，会发现其阻值略有增加。这是为什么呢？

这是因为，导体或半导体材料在外力的作用下产生机械变形时，其电阻值亦将发生变化，这种现象称为电阻应变效应。根据这种效应可将应变片粘贴于被测材料上，这样被测材料受到外力的作用产生的应变就会传送到应变片上，使应变片的电阻值发生变化，那么通过测量应变片电阻值的变化就可得知被测量的大小。接下来制作一个简单的小电路来验证应变片的工作原理。

本电路的核心元件是应变片，电路原理图如图 8-19 所示。所应用的元件共有三个：应变片、电位器、电阻。主要是将应变片固定在万能板上，给电路接一个电流表，当对万能板用力时（也就是对应变片用力），会发现电流的大小发生了变化，因此可以证明应用应变片这种传感器将力转换成了电。

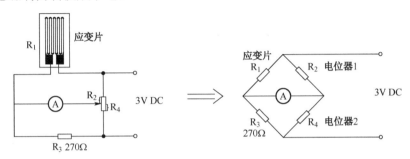

图 8-19　应变片的应用电路原理图

📖 任务实施

1. 准备阶段

制作应变片应用电路所需的元器件清单见表 8-1，本电路的核心元件是金属电阻应变片。主要元器件如图 8-20 所示。

表 8-1　应变片电路元器件清单

元 器 件	说　明
应变片	5A
电位器	2.2kΩ
电阻	270Ω

2. 制作步骤

（1）应变片应用电路布局设计。实物布局图如图 8-21 所示，供读者参考。

图 8-20　应变片应用电路主要元器件

图 8-21　实物布局图

（2）元器件焊接。

在焊接元器件时，要注意合理布局，先焊小元件，后焊大元件，防止小元件插接后掉下来的现象发生。

（3）焊接完成后先自查，然后请教师检查。如有问题，修改完毕后，再请教师检查。

（4）通电并调试电路。

本电路是应变片的应用电路，其调试过程是给电路串接一个电流表，然后用双手拿住万用板两侧轻轻掰弯万用板（也就是对应变片用力），会发现电流表的电流值发生了变化。由此验证了应变片的工作原理。在调试过程中可能出现的常见问题：①电路不工作，可能在制作粘贴过程中应变片损坏。②测量的灵敏度不高，在粘贴应变片过程中胶水使用过多或者不当。提示：在进行粘贴前，先在别的地方试用 502 胶水，掌握其使用特点。本电路结构简单无须过多调试，电路完成无误即可通电试验电路功能。

3．制作注意事项

（1）在调试过程中电位器抽头的位置决定应变片应用电路的测力范围，选择合适的电位器阻值可以使实验结果更为明显。

（2）应变片很脆弱，在制作过程中要注意保护应变片，避免发生损坏。

（3）粘贴应变片时，胶水的多少、粘贴质量的好坏都会影响应变的效果，用 502 胶水要迅速果断。

4．完成实训报告

思考题

应变片分为哪几类？

阅读材料

中国秤的发展

在我国古代，量物轻重的天平和杆秤通称权衡。在（西周）青铜器铭文里，有"金十寽（读略）"、"丝三寽"、金十匀"等记载。"金"即铜，"寽"和"匀"是计量单位，说明当时已有计算重量的手段。确切地说，我国秤的产生是在（魏、晋、南北朝）时期。早在（春秋战国）时期，我国出现了天平。到了（三国）时代，天平的提纽渐渐从中间移至一端，并在衡杆上刻斤、两数，形成提系杆秤的雏型。当今出土的一些（北魏、北齐）的铁秤砣表明，魏、晋、南北朝时期，杆秤已经得到广泛应用。对于计量衡器，历代都重视其制造和管理。首先，要求衡器制造准确。早在西周成王时，王室就曾颁布度量衡标准器。

20 世纪末，考古工作者发现了秦始皇二十六年颁发的标准权器，上刻统一度量衡的诏书。唐、宋、元、明、清各代都对度量衡的管理颁布相应的法规。

请你查一查中国秤的发展历史并在下面横线上制作一个时间轴吧。

通过时间轴的制作你是否感叹于我国劳动人民的智慧呢？我们中华民族有着悠久的历史，灿烂的文化，和你的朋友们讨论一下我国古代还有哪些了不起的发明创造吧！

二、压电式传感器

压电传感器

1. 压电效应及压电传感器

某些电介质在沿一定方向上受到外力的作用而变形时，内部会产生极化现象，同时在其表面上产生电荷，当外力去掉后，又重新回到不带电的状态，这种现象称为压电效应（也称正压电效应）。压电效应是一种交流效应，它可以把一个变化的力转化为一个变化的信号，而一个恒定的力不会引起电学响应。与正压电效应相对应的是逆压电效应。在电介质的极化方向上施加交变电场或电压，它会产生机械变形，当去掉外加电场时，电介质变形随之消失，这种现象称即为逆压电效应（也称电致伸缩效应）。因此可以说压电效应是可逆的。

由压电效应可得到压电传感器，压电传感器是一种典型的自发电式传感器，也是一种"双向传感器"，该传感器主要用于动态力信号的测量。

2. 压电材料

压电式传感器中的压电元件材料一般有三类：第一类是压电晶体（单晶体）；第二类是经过极化处理的压电陶瓷（多晶体）；第三类是高分子压电材料。压电晶体中常用的是石英晶体，它是一种性能良好的压电晶体，其突出优点是性能非常稳定，在 $20\sim200℃$ 的范围内压电常数的变化率只有$-0.0001/℃$，如图 8-22 所示为石英晶体及石英晶体类型的压电式传感器。

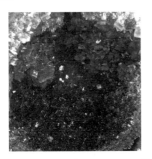

图 8-22　石英晶体及 LC05 系列石英晶体类型的压电式传感器

压电陶瓷是人工制造的多晶压电材料，制造工艺成熟，通过改变配方或掺杂微量元素可使材料的技术性能有较大改变，可以方便地加工成各种需要的形状，以适应各种要求，如图 8-23 所示为适用于小车平衡机的陶瓷压电式传感器。在通常情况下，它比石英晶体的压电系数高得多，而制造成本却较低，因此，目前国内外生产的压电元件绝大多数都采用压电陶瓷，如图 8-24 所示为压电陶瓷片。

高分子压电材料是近年来发展很快的一种柔软的新型压电材料，如图 8-25 所示的压电电缆，可根据需要制成薄膜或电缆套等形状，经极化处理后就显现出压电特性。它不易破碎，具有防水性，可以大量连续拉制，制成较大面积或较长的尺度，因此价格便宜。

图 8-23 陶瓷压电式传感器

图 8-24 压电陶瓷片

图 8-25 压电电缆

压电式传感器具有体积小、质量轻、频响高、信噪比大等特点。由于它没有运动部件，因此结构坚固，可靠性、稳定性高。近年来，随着电子技术的发展，已可以将测量转换电路与压电探头安装在同一壳体中，从而实现微型化、智能化测量，使用起来十分方便。

3. 压电式传感器测量转换电路

（1）压电元件的等效电路。

由压电元件的工作原理可知，压电元件在承受外力作用时，就产生电荷，故它相当于一个电荷发生器，当压电元件表面聚集电荷时，它又相当于一个以压电材料为介质的电容器，其两电极板间的电容 C_a 为

$$C_a = \frac{\varepsilon_r \varepsilon_0 s}{d} \tag{8-3}$$

式中，s——压电元件电极面面积；

d——压电元件厚度；

ε_r——压电材料的相对介电常数；

ε_0——真空的介电常数。

因此，可以把压电元件等效为一个电荷源与一个电容相并联的电荷等效电路，也可以等效为一个与电容相串联的电压源，如图 8-26 所示。端电压 U_0、电荷量 Q 和电容量 C_a 三者的关系为

$$U_0 = \frac{Q}{C_a} \tag{8-4}$$

当压电式传感器与二次仪表配套使用时，还应考虑到连接电缆的分布电容 C_c。设放大器的输入电阻为 R_i，输入电容为 C_i，那么完整的等效电路如图 8-27 所示，图中 R_a 是压电元件的漏电阻，它与空气的湿度有关。

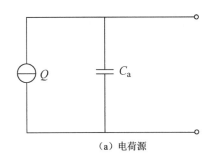

（a）电荷源

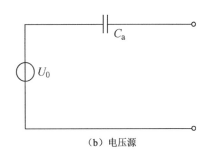

（b）电压源

图 8-26　压电元件等效电路

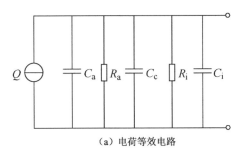

（a）电荷等效电路

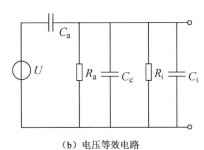

（b）电压等效电路

图 8-27　压电式传感器测试系统等效电路

由于外力作用在压电元件上产生的电荷只有在无泄漏的情况下才能保存，因此需要测量回路具有无限大的输入阻抗。这实际上是不可能的，因此压电式传感器不能用于静态测量。压电元件在交变力的作用下，电荷可以不断补充，可以供给测量回路一定的电流，故只适用于动态测量。

（2）压电式传感器的测量电路。

为了使压电元件能正常工作，它的负载电阻（前置放大器的输入电阻 R_i）应有极大的值。因此与压电元件配套的测量电路的前置放大器有两个作用：一是放大压电元件的微弱电信号；二是把高阻抗输入变换为低阻抗输出。根据压电元件的工作原理及如图 8-26 所示的两种等效电路，前置放大器也有两种形式：一种是电压放大器，其输出电压与输入电压（压电元件的输出电压）呈正比；另一种是电荷放大器，其输出电压与输入电荷呈正比。

① 电荷放大器。电荷放大器是一种输出电压与输入电荷量呈正比的放大器。考虑到 R_a、R_i 阻值极大，电荷放大器等效电路如图 8-28 所示，图中集成运放增益为 A，C_f 为反馈电容，C_f 折合到输入端的电容值为 $(1+A)C_f$，与 C_a、C_c、C_i 并联，则放大器输入电压为

$$U_i = \frac{q}{C_a + C_c + C_i + (1+A)C_i} \tag{8-5}$$

放大器输出电压为

$$U_o = -U_i \frac{-Aq}{C_a + C_c + C_i + (1+A)C_i} \tag{8-6}$$

因为 $(1+A)C_f \gg C_a+C_c+C_i$，且 A 通常为 $10^4 \sim 10^6$，所以

$$U_o \approx \frac{-Aq}{(1+A)C_f} \approx -\frac{q}{C_f} \tag{8-7}$$

由式（8-7）可见，电荷放大器的输出电压 U_o 与电缆电容 C_c 无关，且与 q 成正比，这是电荷放大器的最大特点。

② 电压放大器。因为压电式传感器的内阻抗极高，因此它需要与高输入阻抗的前置放大器配合。将图 8-26（b）中压电元件等效为电压输出电路，并接入一放大倍数为 A 的放大器中，简化成如图 8-29 所示电路。如果压电元件受到交变力 $\tilde{F} = F_m \sin\omega t$ 的作用，经理论分析，则放大器输入端的输入电压为

$$U_i = \frac{dF_m}{C_a + C_c + C_i} \tag{8-8}$$

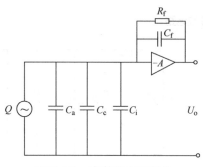

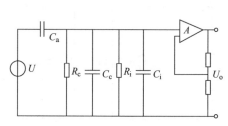

图 8-28 电荷放大器电路　　　　　　　图 8-29 电压放大器电路

导致电压放大器的输入电压与屏蔽电缆线的分布电容 C_c 及放大器的输入电容 C_i 有关，它们均是变数，会影响测量结果，故目前多采用性能稳定的电荷放大器。

▼ 项目 19　声控玩具娃娃的设计与制作 ●●●●

⬇ 任务引入

　　每一个女孩子小时候都渴望有一个漂亮的娃娃，当你轻轻拍打她的时候，她能发出啼哭声或美妙的音乐。娃娃之所以能发出这样的声音就是在它的内部存在压电式传感器作为她的感知器官。更高级的娃娃就是机器人（Robot），如图 8-30 所示为各种不同类型的机器人。机器人可以通过程序控制的方式，实现特定动作，通过它协助或取代人类的工作，如工业、建筑业，或是危险的工作。而对于较高级的机器人来说，需要加装一些传感器以帮助机器人更好地"感知世界"，这样才可能实现更加复杂的动作，而压电式传感器是不可或缺的感知器官。

（a）奥运会中使用的福娃机器人　　　　　（b）极限作业机器人

图 8-30 机器人

（c）仿人乐队机器人

（d）军事机器人

图8-30　机器人（续）

任务目标

掌握压电传感器的工作原理及压电陶瓷片的应用。

能够完成声控玩具娃娃电路的设计、制作并进行调试。

培养学生团队协作的能力。

原理分析

本项目将制作一个简易的声控玩具娃娃电路。声控玩具娃娃电路比较简单，还可以将其改装成音乐贺年卡的音乐电路、声控音响电路等。该电路主要由压电式传感器和三极管组成。压电式传感器由压电单晶、压电多晶和有机压电材料制成，其特点是受外力作用而发生形变（包括弯曲和伸缩形变）时，在表面产生电荷。压电陶瓷片 Y 是声音信号接收元件。工作时，压电陶瓷片 Y 将感受到的瞬时声音信号（如拍手声），转变为微弱的脉冲电信号，经由三极管 VT 放大后，给音乐片 A 的触发端 2 脚提供触发信号，音乐片被触发工作，通过蜂鸣器发出动听的音乐声。声控玩具娃娃电路原理图如图8-31所示。

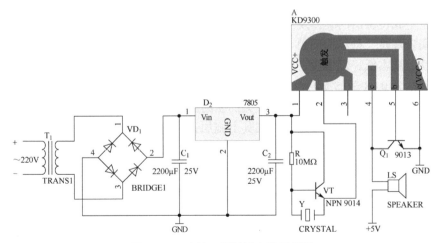

图8-31　声控玩具娃娃电路原理图

任务实施

1. 准备阶段

制作声控玩具娃娃电路所需的元器件清单见表 8-2，本电路的核心元件是压电式传感器。在外力作用下，压电式传感器的导电能力发生改变。在电路中应用了 9300 音乐片，其各引脚功能如图 8-32 所示。电路主要元器件如图 8-33 所示。

表 8-2　声控玩具娃娃元器件清单

元　器　件		说　　明
音乐片	A	9300
压电式传感器	Y	
蜂鸣器	SPEAKER	8Ω 0.5W
三极管	VT	NPN 9014
三极管	Q_1	NPN 9013
电阻	R	10MΩ

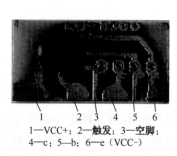

1—VCC+；2—触发；3—空脚；
4—c；5—b；6—e（VCC−）

图 8-32　音乐片及各引脚功能

图 8-33　电路主要元器件

2.　制作步骤

（1）压电式传感器的制作及测量。

压电陶瓷片是一种结构简单、轻巧的器件，因具有灵敏度高、无磁场散播外溢、不用铜线和磁铁、成本低、耗电少、修理方便、便于大量生产等优点而获得了广泛应用。压电片的市场价格为 0.08～0.5 元/片，较便宜。如图 8-34 所示为压电陶瓷片。压电陶瓷片适用于超声波和次声波的发射和接收，比较大面积的压电陶瓷片还可以用于检测压力和振动，工作原理是利用压电效应的可逆性，在其上施加音频电压，就可产生机械振动，从而发出声音。如果不断对压电陶瓷片施加压力，它还会产生电压和电流。

在制作压电式传感器时，只需将引线一端与铜片连接，另一端与压电陶瓷连接，利用焊锡将引线分别与铜片、压电陶瓷牢牢焊住就可进行使用，如图 8-35 所示。

图 8-34　压电陶瓷片

压电陶瓷

铜片

图 8-35　压电陶瓷片的连接

压电式传感器的测量可以应用万用表进行。

第一种方法：

将万用表的量程开关拨到直流电压 2.5V 挡，左手拇指与食指轻轻捏住压电陶瓷片的两面，右手持万用表的表笔，红表笔接金属片，黑表笔横放在陶瓷表面上，然后左手稍用力压一下，随后又松一下，这样在压电陶瓷片上产生两个极性相反的电压信号，使万用表的指针先向右摆，接着回零，随后向左摆一下，摆幅约为 0.1～0.15V，摆幅越大，说明灵敏度越高。若万用表指针静止不动，说明内部漏电或破损。其原理是：当用手指按压压电陶瓷片时，就会在其上产生电压信号，从而使万用表的指针按上述规律摆动。在所施加的压力相同的情况下，指针的摆动幅度越大，则说明压电陶瓷片的灵敏度越高；如果指针不动或者不回零，则说明其内部漏电或者破损。

切记：不可用湿手捏压电陶瓷片；测试时万用表不可用交流电压挡，否则观察不到指针摆动；且测试之前最好用 R×10k 挡，测其绝缘电阻应为无穷大。

第二种方法：

用 R×10k 挡测两极电阻，正常时应为无穷大，然后轻轻敲击陶瓷片，指针应略微摆动。

（2）根据电路原理图，结合实物完成电路布局。实物布局图如图 8-36 所示。

（3）元器件焊接。

在焊接元器件时，要注意合理布局，先焊小元件，后焊大元件，防止小元件插接后掉下来的现象发生。

（4）焊接完成后先自查，然后请教师检查。如有问题，修改完毕后，再请教师检查。

图 8-36 实物布局图

（5）通电并调试电路。

给电路接上电源，若电路制作正确，压电晶体在外界环境声音变化时，产生电效应，对音乐片 A 产生触发，音乐片 A 输出音乐电信号，由蜂鸣器播放音乐，时间长约 20s。如果触发端一直保持高电平，那么它将一遍又一遍重复播放音乐，直到压电式传感器不受外界影响。调试过程中常见问题：①电路若不工作，可能是元器件连接错误。②三极管发热，可能是因为引脚接错了。

3. 制作注意事项

（1）三极管的极性。

（2）三极管 9013 和 9014 不要混淆，避免连接错误。

（3）音乐片上有空孔没用。

（4）压电陶瓷片要接引线。

4. 完成实训报告

思考题

1. 在电路中应用的大偏置电阻是 10MΩ 的，为什么采用这样大的电阻？

2. 如果将电阻 R 和压电式传感器的位置对调，对声控玩具娃娃电路有影响吗？

压力传感器直接接触或接近被测对象而获取信息。压力传感器与被测对象同时处于被干扰的环境中，不可避免地会受到外界的干扰。尤其是压电式压力传感器和电容式压力传感器很容易受干扰。压电式传感器是一种典型的自发电式传感器。它以某些电介质的压电效应为基础，在外力作用下，在电介质表面产生电荷，从而实现非电量电测的目的。压电传感元件是力敏感元件，它可以测量最终能变换为力的那些非电物理量，由于其特殊性，主要用于动态力信号的测量。

压力传感器的抗干扰措施一般从结构上下手。智能压力传感器还可以从软件上着手解决。改进压力传感器的结构，在一定程度上可避免干扰的引入，可有如下途径：将信号处理电路与传感器的敏感元件做成一个整体，即一体化。这样，须传输的信号增强，提高了抗干扰能力。同时，因为是一体化的，也就减少了干扰的引入。集成化传感器具有结构紧凑、功能强的特点，有利于提高抗干扰能力；智能化传感器可以在软件上采取抗干扰措施，如数字滤波、定时自校、特性补偿等措施。

压电式传感器具有体积小、质量轻、频响高、信噪比大等特点。由于它没有运动部件，因此结构坚固，可靠性、稳定性高。压电式传感器可用于力、压力、速度、加速度、振动等许多非电量的测量，可做成力传感器、压力传感器、振动传感器等，如图 8-37 所示为压电式传感器的实际应用。近年来，随着电子技术的发展，已可以将测量转换电路与压电探头安装在同一壳体中，从而实现微型化、智能化测量，方便使用。

（a）压电式测力传感器　　　（b）压电式加速度传感器

图 8-37　压电式传感器的实际应用

▼ 项目 20　保险柜防盗报警电路的设计与制作 ▪▪▪▪

📥 任务引入

偷盗现象不仅使国家、单位及个人蒙受了损失，也增加了社会不稳定因素。为了防止物品丢失，银行和经营金银首饰、古玩字画等贵重物品的商店里，经常配有保险柜（图 8-38）。本项目将应用压电陶瓷片制作一个保险柜防盗报警电路。

图 8-38　保险柜实物

📖 任务目标

掌握压电陶瓷片及红外接收装置的工作原理及应用。

能够设计、制作防盗报警电路。

培养学生的创新思维及团队协作的能力。

☞ 原理分析

保险柜防盗报警电路如图 8-39 所示。电路中所应用的传感器是 HTD 压电陶瓷片，当压电陶瓷片受到机械振动，由于压电效应，它的两端就会产生感应电压，表面将积聚电荷，驱动其旁边的红外管发出红外线，接收头接收到红外信号，经三极管放大后点亮两个 LED 发光管。如果把 LED 发光管换成光电耦合器，就可以使用任意功率的负载，如各种声光报警器，甚至控制相应大门的关闭等。

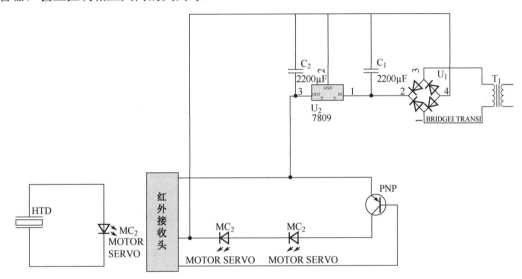

图 8-39　保险柜防盗报警电路

📋 任务实施

1. 准备阶段

制作本电路的核心元件是压电陶瓷片，元器件清单见表 8-3。

表 8-3　保险柜防盗报警电路元器件清单

元　器　件	说　　明
压电陶瓷片	直径 25mm
红外管	直径 5mm
电视机红外接收头	
LED	直径 5mm×2
三极管	A1015

2. 制作步骤

（1）压电陶瓷片性能测试。

可采用项目19"声控玩具娃娃"中介绍的两种方法测量压电陶瓷片性能的好坏。注意：也可用万用表的直流 50μA 挡检测压电陶瓷片的质量好坏，其检测方法同上，但万用表的指针偏转 1～3μA；检测时，不要用力过大，也不能使表笔头划伤压电陶瓷片；若在压电陶瓷片上一直施加恒定的压力，由于电荷的不断泄漏，指针摆动一下就会慢慢地回零，这属正常现象（图 8-40）。

（2）三极管 A1015 的测量。

三极管 A1015 的引脚判断方法是有字面朝自己，引脚向下分别是 e（发射极）、b（基极）和 c（集电极）。三极管 A1015 实物如图 8-41 所示。

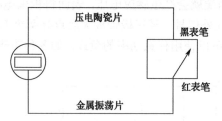

图 8-40　用万用表检测压电陶瓷片的质量性能　　　　图 8-41　三极管 A1015 实物

（3）红外接收头的测量。

红外接收电路通常被厂家集成在一个元件中，即一体化红外接收头。 内部电路包括红外监测二极管、放大器、限幅器、带通滤波器、积分电路、比较器等。红外监测二极管监测到红外信号，然后把信号送到放大器和限幅器，限幅器把脉冲幅度控制在一定的水平，而无论红外发射器和接收器的距离远近。交流信号进入带通滤波器，带通滤波器可以通过 30～60kHz 的负载波，通过解调电路和积分电路进入比较器，比较器输出高、低电平，还原出发射端的信号波形。注意输出的高、低电平和发射端是反相的，这样的目的是提高接收的灵敏度。红外接收头实物如图 8-42 所示。

红外接收头的种类很多，引脚定义也不相同，一般都有三个引脚，包括供电脚，接地和信号输出脚。根据发射端调制载波的不同应选用相应解调频率的接收头，在使用中通常有两种类型。红外接收头引脚的测量请参考图 8-43。

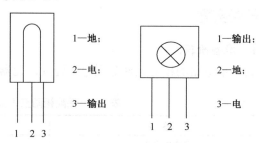

图 8-42　常见电视机红外接收头实物　　　图 8-43　常见电视机红外接收头引脚功能图

（4）元器件布局设计。

根据电路原理图结合实物完成电路布局，并将布局图画到书后布局纸上。图 8-44 为该电路主要元器件，实物布局图如图 8-45 所示，供读者参考。

图 8-44　保险柜防盗报警电路主要元器件

图 8-45　实物布局图

（5）元器件焊接。

元器件的焊接时间不宜过长，恒温电烙铁的温度控制在 350℃ 左右。

（6）焊接完成后先自查，然后请教师检查。如有问题，修改完毕后，再请教师检查。

（7）通电并调试电路。

调试：尝试更换红外二极管的极性，找到最合适的接法。

常见问题：不工作，三极管发热，引脚接错了，或者红外接收头的引脚接错了。

3. 制作注意事项

（1）LED 的极性。

（2）三极管的引脚排列。

（3）红外接收头的引脚排列。

（4）因为压电陶瓷片非常脆弱，所以焊接时需要小心，最好用软线焊接。

4. 完成实训报告

常见问题：（1）不工作，可能是因为红外接收头的引脚接错了。

　　　　　（2）三极管发热，可能是因为引脚接错了。

思考题

除了用于保险柜震动防撬报警以外，该电路还可以应用在哪种安全报警环境下？

阅读材料

保险柜发展历程

19 世纪初，随着社会经济的增长，保险柜行业开始发展，在欧洲出现了专门制锁的厂商，法国公司开始制造保险柜。保险柜的材质已由木质变为各种坚固的金属，但基本沿用木器的榫接技术或整体铸造，无论从外观及工艺上都与当时的家具相仿，锁具的精密程度也不高。

19 世纪 60 年代后期，美国人发明了保险柜锁机构及多锁栓技术，保险柜的安全性能才有了大大的提升。

19 世纪末，欧洲人利用瑞士钟表工艺，开发出转盘式密码锁，保险柜技术才出现了突破性的发展，保密性、安全性大幅度提高。

20 世纪六七十年代，因为半导体技术的日新月异，业界开发出电子密码锁，广泛运用于各种保险柜产品。之后又将 LED、LCD 数码显示用于保险柜中；用户对于防火的需求也催生了各类防火产品；指纹扫描识别技术的发展又促进指纹锁在保险柜中的运用；磁卡的流行派生了磁卡式保险柜。而保险柜的产品种类，由当初最简单的功能发展到防盗保险柜、防火保险柜、防盗/防火保险柜、防磁保险柜、家用保险柜、商用保险柜、酒店保险柜、机械保险柜、文件/数据保险柜等几乎不可胜数的种类。但是无论多么牢固的保险柜也难免对不法分子产生吸引力，暴力打开所造成的声响和震动成为制造其防盗报警器的主要检测物理量，震动报警器也同样应用于汽车之中。不过现在汽车中还有全球定位装置来帮助找回被盗的汽车，也就是说没有一种方式、方法和手段是万能的，要想做好防盗工作，需要多种技术手段结合应用。

三、测力的电容

电容式传感器

电容式传感器是以各种类型的电容器作为敏感元件，将被测物理量的变化转换为电容量的变化，再由测量电路转换为电压、电流或频率，以达到检测的目的。由于力信号可以通过敏感元件转换成位移信号，故可利用电容式传感器测量力及衍生量（如荷重、压力、加速度、声音等），并且还可以测量液面、料面、成分含量等。由于这种传感器具有结构简单、灵敏度高、动态特性好等一系列优点，在自动检测技术中占有十分重要的地位。

两块金属极板、中间夹一层电介质便构成一个平板电容器。平板电容器如果不考虑边缘效应，则其电容量为

$$C = \frac{\varepsilon S}{d} = \frac{\varepsilon_r \varepsilon_0 S}{d} \tag{8-9}$$

式中，C——电容量；

ε——极板间介质的介电常数，空气的 $\varepsilon=1$；

ε_r——相对介电常数；

ε_0——真空介电常数，$\varepsilon_0 =8.8542\times10^{-12}$F/m；

S——两个极板相互覆盖的面积；

d——两块极板之间的距离。

由式（8-9）可知，当电容器两块极板之间的间隙变化，或两个极板相互覆盖的面积变化，或两个极板间介质的介电常数变化，都将使电容量改变，根据这一原理制成的传感器称为电容式传感器。电容式传感器可分成三种类型：变极距式电容式传感器、变面积式电容式传感器和变介电常数式电容式传感器。

1. 变面积式电容式传感器

变面积式电容式传感器的两个极板中，一个是固定不动的，称为定极板，另一个是可移动的，称为动极板。它的工作原理是通过改变电极面积使电容量发生变化。

（1）直线位移式。

工作原理如图 8-46 所示，当被测量的变化引起动极板移动距离 x 时，则电容器面积 S 发生变化，电容量 C 也改变了。

$$C = \frac{\varepsilon(a - \Delta x)b}{d} = \frac{\varepsilon ab}{d} - \frac{\varepsilon \Delta x b}{d} = C_0 - \Delta C \tag{8-10}$$

电容的相对变化量和灵敏度为

$$K = \frac{\Delta C}{\Delta x} = -\frac{C_0}{a} = -\frac{\varepsilon b}{d} \qquad (8\text{-}11)$$

（2）角位移式。

当被测的变化量使动极板产生角位移 θ 时，两极板间互相覆盖的面积被改变，从而改变两极板间的电容量 C，如图 8-47 所示。

$$C = \frac{\varepsilon S \dfrac{\pi - \theta}{\pi}}{d} = \frac{\varepsilon S}{d}(1 - \frac{\theta}{\pi}) \qquad (8\text{-}12)$$

电容的相对变化量和灵敏度为

$$K = \frac{\Delta C}{\Delta \theta} = -\frac{C_0}{\pi} \qquad (8\text{-}13)$$

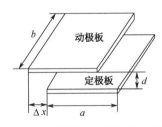

图 8-46　直线位移式变面积型电容
传感器工作原理

图 8-47　角位移式变面积型电容
传感器工作原理

2. 变极距式电容式传感器

变极距式电容式传感器工作原理是：电容硅膜片两边存在压力差时，硅膜片产生形变，电容器极板的间距发生变化，从而引起电容量的变化。其两个极板中，一个为定极板，一个为动极板，结构如图 8-48 所示。

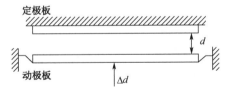

图 8-48　变极距式电容式传感器的基本结构

基本电容的相对变化量和灵敏度分别为

$$\frac{\Delta C}{C_0} = \frac{\Delta d}{d_0} \qquad (8\text{-}14)$$

$$K = \frac{\Delta C}{\Delta d} = \frac{C_0}{d_0} = \frac{\varepsilon S}{d_0^{\,2}} \qquad (8\text{-}15)$$

与基本结构变极距式传感器相比，差动式传感器的非线性误差减少了一个数量级，而且提高了测量灵敏度，所以在实际应用中被较多采用。差动式是在原有基本结构的基础上增加一块定极板，结构如图 8-49 所示。

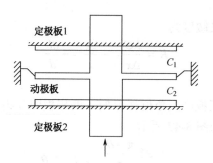

图 8-49　变极距式电容式传感器的差动结构

差动式电容的相对变化量和灵敏度分别为

$$\frac{\Delta C}{C_0} = 2\frac{\Delta d}{d_0} \qquad (8\text{-}16)$$

$$K = \frac{\Delta C}{\Delta d} = 2\frac{C_0}{d_0} = \frac{2\varepsilon S}{d_0^{\ 2}} \qquad (8\text{-}17)$$

3. 变介电常数式电容式传感器

这种传感器大多用来测量电介质的厚度、位移、液位、液量，若忽略边缘效应还可根据极间的介电常数随温度、湿度、容量改变而改变的特性来测量温度、湿度、容量。

（1）平面式。

平面式测位移传感器如图 8-50 所示，电容变化量 ΔC 与位移 Δx 呈线性关系，若被测介质的介电常数 ε_x 已知，测出输出电容 C 的值，可求出待测材料的厚度 x。若厚度 x 已知，测出输出电容 C 的值，也可求出待测材料的介电常数 ε_x。因此，可将此传感器用作介电常数 ε_x 测量仪，如图 8-51 所示。

$$C = \frac{C_1 C_2}{C_1 + C_2} = \frac{\varepsilon \varepsilon_x S}{\varepsilon_x d + (\varepsilon - \varepsilon_x)^x} \qquad (8\text{-}18)$$

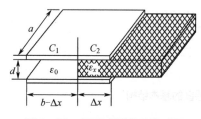

图 8-50　平面式测位移传感器

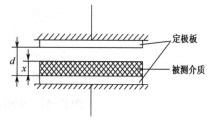

图 8-51　测厚仪

（2）圆柱式。

电介质电容器大多采用圆柱式。其基本结构如图 8-52 所示，内外筒为两个同心圆筒，分别作为电容的两个极。如图 8-53 所示为一种电容式液面计的原理图。在介电常数为 ε_x 的被测液体中，放入该圆柱式电容器，液体上面气体的介电常数为 ε，液体浸没电极的高度就是被测量 x。液面计的输出电容 C 与液面高度 x 呈线性关系。

$$C = C_1 + C_2 = a + bx \qquad (8\text{-}19)$$

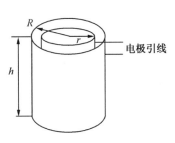

图 8-52　圆柱式电容器结构图

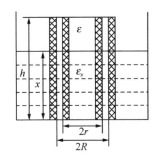

图 8-53　电容式液面计原理图

4. 电容式传感器的测量转换电路

（1）调频型电路。

该测量电路把电容式传感器与一个电感元件配合，构成一个振荡器谐振电路。当传感器工作时，电容量发生变化，导致振荡频率产生相应的变化。再经过鉴频电路将频率的变化转换为振幅的变化，经放大器放大后即可显示，这种方法称为调频法，如图 8-54 所示。

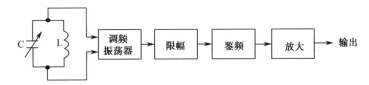

图 8-54　调频—鉴频电路原理图

这种电路的优点在于输出的频率得到的是数字量，不需 A/D 转换；灵敏度较高；输出信号大，可获得伏特级的直流信号，便于实现计算机连接；抗干扰能力强，可实现远距离测量。不足之处主要是稳定性差。在使用中要求元件参数稳定、直流电源电压稳定，并要消除温度和电缆电容的影响。其输出非线性大，需误差补偿。

（2）普通交流电桥电路。

该电路是由电容 C、C_0 和阻抗 Z 组成的一个交流电桥的测量系统，其中 C 为电容式传感器的电容，Z 为等效配接阻抗。用一个振荡器产生等辐高频交流电压 U_i，加于电桥对角线 AB 两端，作为其交流信号源。由电桥另一对角 CD 两端输出电压 U_0。各配接元件在初始调整至平衡状态，输出电压 $U_0=0$。当传感器电容 C 变化时，电桥失去平衡，而输出一个和电容成正比的电压信号，此交流电压的幅值随 C 而变化，如图 8-55 所示。

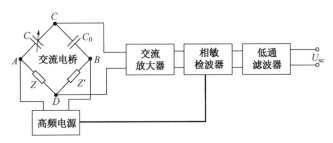

图 8-55　普通交流电桥测量系统

这种电路的优点在于电桥电路灵敏度和稳定性较高，适合用于精密电容测量；寄生电容影响小，简化了电路屏蔽和接地，适合于高频工作。但电桥输出电压幅值小，输出阻抗高，其后必须接高输入阻抗放大器才能工作，而且电路不具备自动平衡措施，构成较复杂。此电路从原理上没有消除杂散电容影响的问题，为此采取屏蔽电缆等措施，效果不一定理想。

（3）运算放大器式电路。

理想运算放大器输出电压与输入电压之间的关系为

$$u_o = -\frac{C_0}{u_i C_x} \tag{8-20}$$

采用基本运算放大器的最大特点是电路输出电压与电容式传感器的极距呈正比，使基本变间隙式电容式传感器的输出特性具有线性特性，如图 8-56 所示。

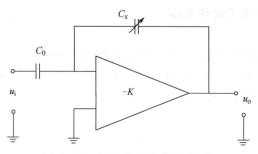

图 8-56 运算放大器式测量电路

该电路的最大特点是能够克服变极距式电容式传感器的非线性，是电容式传感器比较理想的测量电路。但电路要求电源电压稳定，固定电容量稳定，并要求放大倍数与输入阻抗足够大。

电容式传感器具有结构简单，灵敏度高，分辨力高，能感受 0.01μm 甚至更小的位移，无反作用力，动态响应好，能实现非接触测量，能在恶劣环境下工作等优点。随着新工艺、新材料问世，特别是电子技术的发展，使干扰和寄生电容等问题不断得到解决，因此电容式传感器越来越广泛地应用于各种测量中。电容式传感器可用来测量直线位移、角位移、振动振幅（可测至 0.05μm 微小振幅），尤其适合测量高频振动振幅、精密轴系回转精度、加速度等机械量，还可用来测量压力、差压力、液位、料面、成分含量（如油、粮食中的含水量）、非金属材料的涂层、油膜等的厚度，测量电解质的湿度、密度、厚度等，如图 8-57～图 8-62 所示为电容传感器在实际生活中的应用实例。

图 8-57 CTM-18N8D 电容式接近开关

图 8-58 E2K-X8ME1 型
欧姆龙电容式传感器

图 8-59　BC15-K34-AZ3X 型
电容式传感器

图 8-60　电容接近传感器

图 8-61　测量角位移电容式传感器

图 8-62　AM2305 高温型电容温湿度传感器

▼ 项目 21　声控电路的设计与制作 ● ● ● ●

⬇ 任务引入

声音传感器使用的是与人类耳朵相似、具有频率反应的电麦克风。我们日常生活中唱卡拉 OK 时用的麦克风如图 8-63 所示，它能将声音信号转换成电信号。2009 年，日本三和（Sanwa）公司推出了一款基于军事麦克风而设计的新奇轻便型环颈喉咙麦克风（throat microphone），该种技术在特种部队中早已应用，此次推出的是民用产品。该产品像一个项环一样紧贴在喉部，其特点是即使周边环境很乱，说话声音很小，对方也可以听得非常清楚，如图 8-64 所示。喉咙麦克风与常规耳麦相比，最大的特色是不靠嘴来采集声音，而是靠喉咙振动发声来工作的，这种传输方式会让音质更加清晰且更加容易传递。

图 8-63　日常使用的麦克风

图 8-64　喉咙麦克风

🔖 任务目标

掌握电容式传感器及声控电路的工作原理。

能够完成声控电路的设计、制作并进行调试。

培养学生认真的工作态度及团队协作的能力。

原理分析

本项目，将制作一个简易的声控电路。该声控电路主要由声音传感器和三极管组成。在没有声音的情况下，声音传感器两端压降较大，不能实现三极管 VT 的放大作用，发光二极管不亮；当声音传感器受到外界环境声音的影响，两端压降减小，使三极管实现发射结正向偏置，集电极反向偏置的条件，从而实现三极管 VT 的放大作用，发光二极管发光。通过调整电位器 RP 的阻值，就可以控制 9014 的导通（饱和），进而控制声音传感器和 RP 之间的分压，由此也可以对灯亮时声音的大小进行控制。电路原理图如图 8-65 所示。

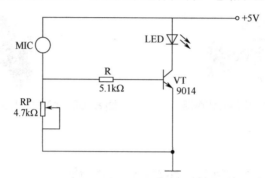

图 8-65　声控电路原理图

任务实施

1．准备阶段

制作声控电路所需的元器件清单见表 8-4，本电路的核心元件是声音传感器，主要元器件是三极管 NPN9014。散件元器件如图 8-66 所示。

表 8-4　声控电路元器件清单

元　器　件		说　　明
声音传感器	MIC	驻极体
电位器	RP	4.7kΩ
发光二极管	LED	$\phi3\sim\phi5$
三极管	VT	NPN9014
电阻	R	5.1kΩ

图 8-66　声控电路元器件

2. 制作步骤

（1）声音传感器（驻极体话筒）的性能判断。

在本电路中应用的声音传感器是驻极体话筒。驻极体话筒属于电容式话筒的一种，其关键元件是驻极体振动膜，它是一种极薄的塑料膜片，在其中一面蒸发一层纯金薄膜，然后经过高压电场驻极，两面分别驻有异性电荷。膜片的蒸金面向外，与金属外壳相连通，膜片的另一面与金属极板之间用薄的绝缘衬圈隔离开。这样，蒸金属与金属极板之间就形成一个电容。极体膜片遇到声波振动时，引起电容两端的电场发生变化，从而产生了随声波变化而变化的交变电压。

① 驻极体话筒的种类（表 8-5）。

表 8-5　驻极体话筒的种类

种　类	图　片	特　点
二端式		两个引出端：漏极 D 和接地端
三端式		三个引出端：漏极 D、接地端和源极 S

② 驻极体话筒极性判断。

本电路中应用的二端式驻极体话筒，如图 8-67 所示。两个引出端分别为漏极 D 和接地端，其中与金属外壳相连的是接地端，即驻极体话筒的阴极，如图 8-68 中标记所示。除此之外将万用表拨至 R×1kΩ 挡，黑表笔接任一极，红表笔接另一极。再对调两表笔，比较两次测量结果。阻值较小时，黑表笔接的是接地极，红表笔接的是漏极。

图 8-67　二端式驻极体话筒　　　　图 8-68　驻极体话筒阴极

③ 驻极体话筒性能判断。

二端式驻极体话筒系性能的判断：用万用表 R×1kΩ 挡，黑表笔接话筒的 D 端，红表笔接话筒的接地端。用嘴向话筒吹气，万用表表针左右摆动，说明此话筒性能优良，摆动范围越大，话筒的灵敏度越高；若无摆动，说明话筒有问题。

（2）声音传感器电路布局设计。实物布局图如图 8-69 所示，供读者参考。

图 8-69　实物布局图

（3）元器件焊接。

在焊接元器件时，要注意合理布局，先焊小元件，后焊大元件，防止小元件插接后掉下来的现象发生。

（4）焊接完成后先自查，然后请教师检查。如有问题，修改完毕后，再请教师检查。

（5）通电并调试电路。

给电路接上电源，当电路制作正确，外界环境有声音响动时，发光二极管点亮。在调试过程中可能出现的常见问题：①电路不工作，可能是因为 MIC 的极性连接错误，读者需按着话筒引脚仔细连接。②三极管发热，可能的原因是引脚接错。③注意发光二极管引脚的极性的正确连接。本电路结构简单，无须过多调试即可完成电路功能。

3. 制作注意事项

驻极体话筒和外壳相连的是 MIC 的阴极。

4. 完成实训报告

思考题

在同一电路中，选择使用 4.7kΩ 的电位器和选择 470kΩ 的电位器，对电路会有什么不同的影响？

阅读材料

触摸屏工作原理

随着科技的发展，智能手机已经覆盖了绝大部分的市场。全屏的智能手机是如何知道我们点击的是哪里呢？下面让我们了解一下触摸屏的工作原理吧！

触摸屏的分类

触摸屏大致可以分为电阻式触摸屏和电容式触摸屏。

电阻式触摸屏的工作原理

电阻式触摸屏的工作原理是利用压力感应进行控制的。当我们按压塑料层时，塑料层和玻璃层的导电层接触，从而导致两层之间的电阻发生变化，控制器则根据电阻的变化来确定接触点的坐标，然后进行相应的处理。

电容式触摸屏的工作原理

电容式触摸屏的工作原理是利用人体的电流感应进行工作的。电容式触摸屏的感应屏是一块内层表面和夹层表面各涂有一层导电层的玻璃。当我们用手指触摸时，人体的电场通过手机与触摸屏形成耦合电容，手指会从接触点吸走一个很小的从四角的电极流出的电流，通过从四角流出的电流与手指接触点的距离，控制器就可以找到触摸点的坐标，从而进行相应的操作。

四、电感式传感器

电感式传感器

电感式传感器的基本原理是电磁感应原理，利用电磁感应将压力转换成电感量的变化输出。电感式传感器具有以下特点：①结构简单，传感器无活动电触点，因此工作可靠、寿命长。②灵敏度和分辨力高，能测出 0.01μm 的位移变化。传感器的输出信号强，电压灵敏度一般每毫米的位移可达数百毫伏的输出。③线性度和重复性都比较好，在一定位移范围（几十微米至数毫米）内，传感器非线性误差可达 0.05%～0.1%。同时，这种传感器能实现信息的远距离传输、记录、显示和控制，在工业自动控制系统中被广泛采用。但不足的是，它有频率响应较低、不宜快速动态测控等缺点。

电感式传感器通过线圈自感或互感量系数的变化来实现非电量电测（如压力、位移等），常用的分为自感式和互感式两类。

1. 自感式传感器

电感式传感器通常是指自感式传感器，主要由铁芯、衔铁和绕组三部分组成，如图 8-70 所示。这种传感器的线圈匝数和材料磁导率都是一定的，其电感量的变化是由于位移输入量导致线圈磁路的几何尺寸变化而引起的。当把线圈接入测量电路并接通激励电源时，就可获得正比于位移输入量的电压或电流输出，如图 8-71 所示。自感式传感器的特点是：①无活动触点、可靠度高、寿命长；②分辨率高；③灵敏度高；④线性度高、重复性好；⑤测量范围宽（测量范围大时分辨率低）；⑥无输入时有零位输出电压，引起测量误差；⑦对激励电源的频率和幅值稳定性要求较高；⑧不适用于高频动态测量。自感式传感器主要用于位移测量和可以转换成位移变化的机械量（如力、张力、压力、压差、加速度、振动、应变、流量、厚度、液位、比重、转矩等）的测量。常用自感式传感器有变间隙型、变面积型和螺线管型。在实际应用中，这三种传感器多制成差动式，以便提高线性度和减小电磁吸力所造成的附加误差。

图 8-70　电感式传感器实物

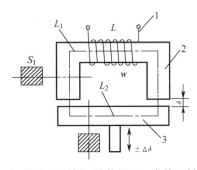

1—线圈；2—铁芯（定铁芯）；3—衔铁（动铁芯）

图 8-71　自感式传感器原理结构

（1）变间隙型电感式传感器。

变间隙型电感式传感器的结构示意图如图 8-72（a）所示。由磁路基本知识可知，电感

量可由下式估算

$$L \approx \frac{N^2 \mu_0 S}{2\delta}$$
（8-21）

式中，N——线圈匝数；

S——气隙的有效截面积；

μ_0——真空磁导率，与空气的磁导率相近；

δ——气隙厚度。

由上式可见，在线圈匝数 N 确定以后，若保持气隙截面积 S 为常数，则 $L=f(\delta)$，即电感 L 是气隙厚度 δ 的函数，故称这种传感器为变间隙型电感式传感器。

由式（8-21）可知，对于变间隙型电感式传感器，电感 L 与气隙厚度 δ 呈反比，其输入输出是非线性关系，δ 越小，灵敏度越高。为了保证一定的线性度，该传感器只能工作在一段很小的区域，它的灵敏度和非线性都随气隙的增大而减小，因此常常要考虑两者兼顾。该种传感器只能用于微小位移的测量，δ 一般取在 0.1～0.5mm。

（2）变面积型电感式传感器。

在线圈匝数 N 确定后，若保持气隙厚度成为常数，则 $L=f(S)$，即电感 L 是气隙有效截面积 S 的函数，这种传感器为变面积型电感式传感器，其结构示意图如图 8-72（b）所示。这种传感器的铁芯和衔铁之间的相对覆盖面积（磁通截面）随被测量的变化而改变，从而改变磁阻。它的灵敏度为常数，线性度也很好。

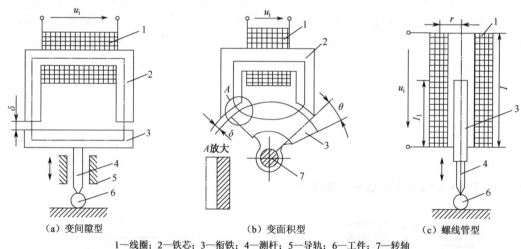

（a）变间隙型　　　　　　　（b）变面积型　　　　　　（c）螺线管型

1—线圈；2—铁芯；3—衔铁；4—测杆；5—导轨；6—工件；7—转轴

图 8-72　自感式电感传感器结构示意图

（3）螺线管型电感式传感器。

它由螺管线圈和与被测物体相连的柱型衔铁构成。其工作原理是基于线圈磁力线泄漏路径上磁阻的变化，衔铁随被测物体移动时改变了线圈的电感量。这种传感器的量程大，灵敏度低，结构简单，便于制作。

2. 互感式传感器（差动变压器）

互感式传感器是一种广泛用于电子技术和非电量检测中的变压装置，用于测量位移、压力、振动等非电量参量。它既可用于静态测量，也可用于动态测量。互感式传感器本身就是一只变压器，利用了变压器原理，有一次绕组和二次绕组，经常做成差动式，又称为差动变压器式传感器。在变隙式差动电感传感器中，当衔铁随被测量移动而偏离中间位置时，两个线圈的电感量一个增加，一个减小，形成差动形式，其结构如图8-73所示。

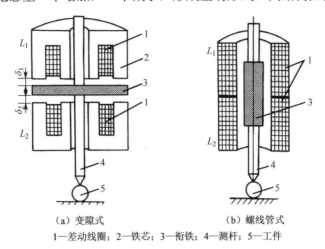

（a）变隙式　　　　　　　　　（b）螺线管式

1—差动线圈；2—铁芯；3—衔铁；4—测杆；5—工件

图8-73　互感式电感传感器结构

该传感器结构简单，工作可靠，测量力小，分辨力高（如在测量长度时一般可达0.1μm），它的缺点是频率响应低、不适用于快速动态测量。

电感式传感器由于其自身的特点，广泛用于测量能够转换成位移变化的信号，如力、压力、压差、加速度、振动工件尺寸等，如图8-74～图8-79所示为生产生活中常用的电感式传感器。

图8-74　直流24V 3线制电感式接近开关

图8-75　Blade 数字式电感位移角度传感器

图8-76　汽车行业中使用的电感式传感器

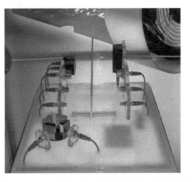

图8-77　UPROX+系列电感式行程开关

图 8-78　Limisprox 系列电感式行程开关　　　　　图 8-79　微差压变送器

例如，在工业中，工业锅炉是一个多变量输入、多变量输出的复杂系统，需要测量的微压有送风通道上各点风压、引风通道上各点负压、炉膛负压和送风风量差压及雨压力检测等。对微压参数的检测，在锅炉控制系统中起着举足轻重的作用。微差压变送器就可以实现对微压参数的测量，如图 8-79 所示。微差压变送器的工作原理就是应用了电感式传感器，在无压力作用时，膜盒在初始状态，因接在膜盒中心的衔铁位于差动变压器线圈的中部，因而输出电压为零。当压力输入膜盒后，膜盒自由端产生一个正比于被测压力的位移，并带动衔铁在差动变压器线圈中移动，从而使差动变压器有一个电压输出，将微压力转换成电信号。

在机械测量中，常采用手持式粗糙度仪测量工件表面的粗糙度，手持式粗糙度仪主要利用的就是电感式传感器原理，如图 8-80 所示。将传感器放在工件被测表面上，由仪器内部的驱动机构带动传感器沿被测表面做等速滑行，传感器通过内置的锐利触针感受被测表面的粗糙度，此时工件被测表面的粗糙度引起触针产生位移，该位移使传感器电感线圈的电感量发生变化，从而在相敏整流器的输出端产生与被测表面粗糙度成比例的模拟信号，该信号经过放大及电平转换之后进入数据采集系统，DSP 芯片将采集的数据进行数字滤波和参数计算，测量结果可在液晶显示器上读出，也可在打印机上输出，还可以与 PC 机进行通信。

图 8-80　手持式粗糙度仪实物

思政课堂

国产传感器的自动化控制系统在宁波舟山港再创辉煌

　　宁波舟山港位于中国大陆海岸线中部、"长江经济带"的南翼。舟山港为中国对外开放一类口岸，中国沿海主要港口和中国国家综合运输体系的重要枢纽，中国国内重要的铁矿石中转基地、原油转运基地、液体化工储运基地和华东地区重要的煤炭、粮食储运基地；在港口基于互联网＋的自动化控制系统建设过程中，需要用到大量的应变片等力学传感器，由于采用了国产的高精度力学传感器，舟山港建设完成之后，以其超高效率迅速创造了一项项纪录，2020年，宁波舟山港完成货物吞吐量11.72亿吨，同比增长4.7%，连续第12年保持全球第一；完成集装箱吞吐量2872.2万标箱，同比增长4.3%，继续位列全球第三。为"一带一路"倡议做出了巨大贡献。

　　努力、勤奋的科学技术研发工程师，认真、严谨、技艺高超的工人让我国的科学技术不再依赖他国，是他们让我们更有信心将祖国建设成为科技强国。同学们，希望有一天你们也会成为像他们那样的人！

第九章 电涡流传感器

电涡流传感器是应用较为普遍的传感器，它被广泛应用在工业和生活中。电磁炉、电饭煲、安检门都应用到了电涡流传感器（图 9-1）。除此之外，应用电涡流传感器也可对表面为金属的物体的多种物理量进行非接触式测量，如位移、振动、厚度、转速、应力、硬度等。此外，这种传感器也可用于无损探伤。电涡流传感器结构简单、频率响应宽、灵敏度高、测量范围大、抗干扰能力强，特别是有非接触测量这一优点，因此在工业生产和科学技术的各个领域都得到了广泛应用。

图 9-1　电涡流传感器在电磁炉及安检门中的应用

一、电涡流基础知识

1. 基本原理与特性

电涡流传感器

根据法拉第电磁感应定律，金属导体置于变化的磁场中时，导体表面就会有感应电流产生，电流的流线在金属体内自行闭合，这种由电磁感应原理产生的漩涡状感应电流称为电涡流，这种现象称为电涡流效应。电涡流传感器就是利用电涡流效应来检测导电物体的各种物理参数的。

如图 9-2 所示，将一个扁平线圈置于金属导体附近，当线圈中通有交变电流 i_1 时，线圈周围就产生一个交变磁场 H_1。置于这一磁场中的金属导体就产生电涡流 i_2，电涡流也将产生一个新磁场 H_2，H_2 与 H_1 方向相反，因而抵消部分原磁场，使通电线圈的有效阻抗发生变化。

一般来讲，线圈的阻抗变化与导体的电导率、磁导率、几何形状、线圈的几何参数，激励电流频率，以及线圈到被测导体间的距离有关。如果控制上述参数中的一个参数改变，而其余参数恒定不变，则阻抗就成为这个变化参数的单值函数。如果其他参数不变，阻抗的变化就可以反映线圈到被测导体间的距离大小的变化。

如果将被测导体上形成的电涡等效成一个短路环，则可得到如图 9-3 所示的等效电路。

该图中，R_1、L_1 为传感器线圈的电阻和电感。可以认为短路环是一匝短路线圈，其电阻为 R_2、电感为 L_2。线圈与导体间存在一个互感 M，它随线圈与导体间距的减小而增大。

线圈与金属导体系统的阻抗、电感都是该系统互感平方的函数。而互感是随线圈与金属导体间距离的变化而变化的。由于涡流的影响，线圈阻抗的实数部分增大，虚数部分减小，因此线圈的品质因数 Q 下降，Q 值的下降是由于涡流损耗所引起的，并与金属材料的导电性和距离直接相关。当金属导体是磁性材料时，影响 Q 值的还有磁滞损耗与磁性材料对等效电感的作用。在这种情况下，线圈与磁性材料所构成磁路的等效磁导率的变化将影响 L。当距离 x 减小时，因为等效磁导率增大而使 L_1 变大。

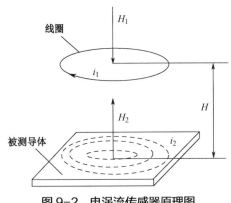

图 9-2　电涡流传感器原理图

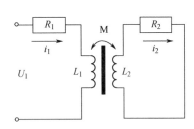

图 9-3　电涡流传感器等效电路图

2. 结构类型

电涡流传感器主要是一个绕制在框架上的绕组，常用的是矩形截面的扁平绕组。该传感器的导线选用电阻率小的材料，一般采用高强度漆包线、银线或银合金线；框架要求采用损耗小、电性能好、热膨胀系数小的材料，一般选用聚四氟乙烯、高频陶瓷等。电涡流传感器按结构可分为高频反射式、变面积型、螺管型和低频透射型 4 类。

（1）高频反射式。

高频反射式传感器是最常用的一种结构形式。它的结构简单，由一个扁平线圈固定在框架上构成。线圈用高强度漆包铜线或银线绕制，用胶黏剂粘在框架端部或绕制在框架槽内，如图 9-4 所示为高频反射式电涡流传感器的结构。

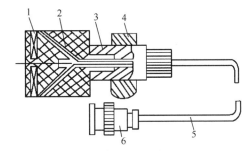

1—线圈；2—框架；3—框架衬套；4—支座；5—电缆；6—插头

图 9-4　高频反射式电涡流传感器的结构

当高频（100kHz 左右）信号源产生的高频电压施加到一个靠近金属导体附近的电感线圈 L_1 时，将产生高频磁场 H_1。如被测导体置于该交变磁场范围之内时，被测导体就产生电

涡流 i_2。i_2 在金属导体的纵深方向并不是均匀分布的，而只集中在金属导体的表面，这称为集肤效应（也称趋肤效应）。

高频（>1MHz）激励电流产生的高频磁场作用于金属板的表面，由于集肤效应，在金属板表面将形成电涡流。与此同时，该电涡流产生的交变磁场又反作用于线圈，引起线圈自感 L 或阻抗 Z 的变化，其变化与距离 x、线圈尺寸 r、金属板的电阻率 ρ、磁导率 μ、激励电流 i 及频率 f 等有关，即 $Z=f(i、f、\mu、\rho、r、x)$。

（2）变面积型。

这种传感器由绕在扁矩形框架上的线圈构成，它利用被测导体和传感器线圈之间相对覆盖面积的变化所引起的电涡流效应的强弱变化来测量位移。为补偿间隙变化引起的误差常使用两个串接的线圈，置于被测物体的两边。它的线性测量范围较大，而且线性度较高。

（3）螺管型。

这种传感器由螺管和插入螺管的短路套筒组成，套筒与被测物体相连。套筒沿轴向移动时，电涡流效应引起螺管阻抗变化。这种传感器有较好的线性度，但是灵敏度较低。

（4）低频透射型。

这种传感器由分别位于被测金属板材两面的发射线圈和接收线圈组成，如图 9-5 所示，适于测量金属板材的厚度。发射线圈 L_1 和接收线圈 L_2 分别置于被测金属板材料 M 的上方和下方。由于低频磁场集肤效应小、渗透深，当低频（音频范围）电压 u 加到线圈 L_1 的两端后，所产生磁力线的一部分透过金属板材料 M，使线圈 L_2 产生感应电动势 E。但由于涡流消耗部分磁场能量，使感应电动势 E 减少，当金属板材料 M 越厚时，损耗的能量越大，输出电动势 E 越小。因此，E 的大小与 M 的厚度及材料的性质有关，试验表明，E 随材料厚度 h 的增加按负指数规律减少。因此，若金属板材料的性质一定，利用 E 的变化即可测量其厚度。贯穿深度取决于激励频率，为使贯穿深度大于板材厚度，要将激励频率选得低一些。激励频率低还可改善线性。激励频率一般选在 500Hz 左右。金属板厚度越大，电涡流损耗越大，E 越小。E 的大小间接反映金属板厚度。

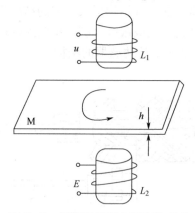

图 9-5　低频透射型电涡流传感器

二、电涡流传感器的应用

电涡流传感器可以准确测量被测体（必须是金属导体）与探头端面的相对位置，其特点是长期工作可靠性好、灵敏度高、抗干扰能力强、非接触测量、响应速度快、不受油水等介质的影响，常被用于对大型旋转机械的轴位移、轴振动、轴转速等参数进行长期实时监测（图9-6、图9-7），用于分析设备的工作状况和故障原因，以有效地对设备进行保护及预维修。

图9-6　SZB-1型电涡流转速变换器　　　　图9-7　ZA-WT01多通道数字式电涡流传感器

1. 电涡流位移检测

电涡流位移传感器是一种输出为模拟电压的电子器件。接通电源后，在电涡流探头的有效面（感应工作面）将产生一个交变磁场。当金属物体接近此感应工作面时，金属表面将吸取电涡流探头中的高频振荡能量，使振荡器的输出幅度线性地衰减，根据衰减量的变化，可计算出与被检物体的距离、振动等参数。这种位移传感器多用于非接触测量，工作时不受灰尘等非金属因素的影响，寿命较长，可在各种恶劣条件下使用（图9-8、图9-9）。电涡流传感器可以测量各种形状金属零件的动态位移，测量范围可以为0～15μm，分辨率为0.05μm；或是0～500mm，分辨率可达0.1%。这种传感器可用于测量汽轮机主轴的轴向窜动、金属件的热膨胀系数、钢水液位、纱线张力、流体压力等。

图9-8　HZ-891YT 一体化电涡流　　　　图9-9　WT-D0-A1电涡流
　　　　位移传感器　　　　　　　　　　　　　位移传感器

2. 涡流探伤

涡流探伤是建立在电磁感应原理基础之上的一种无损检测方法，适用于导电材料。将载有正弦波电流的激励线圈接近金属表面时，线圈周围的交变磁场在金属表面产生感应电流（此电流称为涡流），同时还产生一个与原磁场方向相反的相同频率的磁场，并反射到探头线圈，导致检测线圈阻抗的电阻和电感发生变化，改变了线圈电流的大小及相位。因此，探头在金属表面移动，遇到缺陷或材质、尺寸等变化时，涡流磁场对线圈反作用的不同会引起线圈阻抗变化，通过涡流检测仪器测量出的这种变化量就能鉴别金属表面有无缺陷或其他物理性质的变化。涡流探伤实质上就是检测线圈阻抗发生的变化并加以处理，从而对试件的物理性能做出评价，如图 9-10～图 9-13 所示。

图 9-10　IDEA 涡流探伤仪

图 9-11　涡流探伤仪

图 9-12　涡流探伤仪检测

图 9-13　小管涡流探伤

因为涡流的趋肤效应，所以涡流探伤只能用来发现金属工件表面和近表面的缺陷。但由于它具有简便、不需要耦合剂和容易实现高速自动检测的优点，因而在金属材料和零部件的探伤中得到较为广泛的应用。涡流探伤还可以用于维修检验，某些机械产品由于工作条件比较特殊（如在高温、高压、高速状态下工作），在使用过程中往往容易产生疲劳裂纹和腐蚀裂纹。对这些缺陷，虽然采用磁粉检测、渗透检测等也都很有效，但由于涡流法不仅对这些缺陷比较敏感，而且还可以在涂有油漆和环氧树脂等覆盖层的部件上及盲孔区和螺纹槽底进行检验，以及可发现金属蒙皮下结构件的裂纹，因而在维修行业受到重视。

3. 安全检查

带有电涡流探头的安检门（图 9-14）内设有发射和接收线圈。当有金属物体通过的时候，音频信号产生的交变磁场就会在该金属导体表面产生电涡流，并在接收线圈中产生感应电压，从而可以借以实现报警。

4. 厚度检测

用电涡流传感器可以测量金属镀层或 PCB 覆铜箔的厚度。因为存在趋肤效应，所以镀层或箔层越薄，电涡流越小。如图 9-15 所示为电涡流厚度检测仪。

图9-14 安检门

图9-15 电涡流厚度检测仪

5. 转速测量

可以在带有齿轮状的旋转体旁边安装一个电涡流传感器，以用于转速测量（图9-16）。当转轴转动时，传感器周期性地改变着与旋转体之间的距离，于是它的输出电压也周期性地发生变化，若在转轴上开 z 个槽（或齿），频率计的读数是 f（单位是 Hz），则转轴的转速 n（单位为 r/min）的计算公式为

$$n=60\frac{f}{z} \tag{9-1}$$

电涡流传感器转速测量的典型应用为车轮转速测量，如图9-17所示。

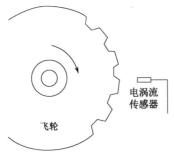

图9-16 转速测量

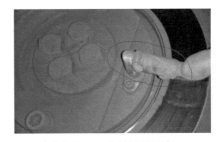

图9-17 车轮转速测量

6. 电涡流振动测量

电涡流传感器可以无接触地测量各种振动的振幅、频谱分布等参数。在研究机器振动时，常常采用将多个传感器放置在不同的部位以进行检测的方式，由此得到各个振幅的位置和相位值，从而可绘制出振动图。

7. 涡流式接近开关

涡流式接近开关也叫电感式接近开关，属于一种开关量输出的位置传感器。它由 LC 高频振荡器和放大处理电路组成，导电物体在接近这个能产生电磁场的接近开关时，物体内部会产生涡流，这个涡流反作用于接近开关，使接近开关内部电路参数发生变化，由此识别出有无导电物体接近，进而控制接近开关的通或断。这种接近开关所能检测的物体必须是导电性能良好的金属物体。

接近开关的安装方式分为齐平式和非齐平式两种。①齐平式（又称埋入式）：接近开关表面可与被安装的金属物体形成同一表面，不易被损伤，但灵敏度相对较低。②非齐平式（又称非埋入安装型）：接近开关需要将感应头露出一定高度，以提升器件的灵敏度。因为涡流式接近开关的响应频率高、抗环境干扰性能好、应用范围广、价格较低，当被测对象是导电物体或可以固定在一块金属物上的物体时，一般都选用涡流式接近开关。

电涡流传感器系统以其独特的优点，广泛应用于电力、石油、化工、冶金等行业，以用于对汽轮机、水轮机、发电机、鼓风机、压缩机、齿轮箱等大型旋转机械的轴的径向振动、轴向位移、鉴相器、轴转速、胀差、偏心、油膜厚度等进行在线测量和安全保护，并且还可用于转子动力学研究和零件尺寸检验等方面，如图 9-18 所示。

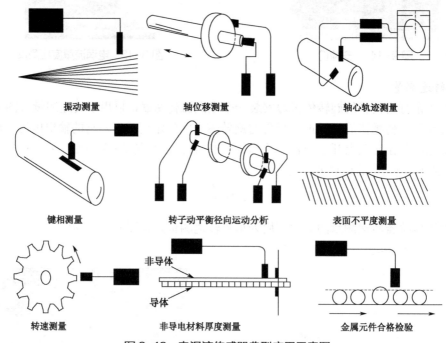

图 9-18　电涡流传感器典型应用示意图

▼ 项目 22　金属检测仪的设计与制作 ● ● ● ●

📥 任务引入

安检是日常生活中经常遇到的事情，飞机场、火车站、地铁站、轻轨站等地都需要进行安检之后才能搭乘交通工具。安检包括 X 射线扫描和金属检测，通常是首先要求旅客通过安检门，之后再由专门的安检员手拿金属检测仪对旅客进行检测，当遇到金属物品时，金属检测仪就会报警。金属检测仪除可用于安检外，还可用于监考中的作弊检查，如果作弊者戴着耳机，金属检测仪就能检测到耳机中的金属部件，这样金属检测仪的蜂鸣器就会报警。金属检测仪如图 9-19 所示。

图 9-19　金属检测仪

任务目标

掌握电涡流传感器的使用方法。

具备对电涡流传感器进行保养、调试、维修的能力。

培养学生认真的工作态度，严谨的工作作风及团队协作的能力。

原理分析

本项目将制作一个金属检测仪，该金属检测仪可以用来对金属进行探测。采用的是电涡流传感器——日立0244，该传感器有三根引线，分别为电源线、地线和输出线，其实物如图9-20所示。其中，电源线应接6V电源，当其附近没有金属物品时，输出端为低电平；当其附近有金属物品时，输出端为高电平。根据这样的原理，设计了如图9-21所示的电路。该电路由电涡流传感器、光电耦合器、继电器和蜂鸣器等元器件组成。通过电路图可以看到金属检测仪电路用的是常闭的继电器，当电路附近没有金属物品时，电涡流传感器的输出端输出低电平，此时光电耦合器不工作，而继电器工作，使处于常闭状态的开关打开，蜂鸣器不发声。而当有金属物品靠近电涡流传感器时，电涡流传感器的输出端输出高电平，光电耦合器接通，进而导致继电器不工作，此时继电器的常闭状态的开关一直闭合，使蜂鸣器报警，以提示电路附近有金属物品。

图9-20　电涡流传感器——
　　　　日立0244

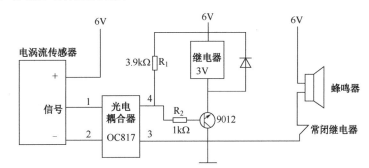

图9-21　金属检测仪电路图

任务实施

1. 准备阶段

金属检测仪电路元器件清单见表9-1，本电路的核心元件是电涡流传感器——日立0244，其电源电压范围是0～6V。除此之外，该电路还包括一个光电耦合器、一个常闭继电器、一个蜂鸣器和一个二极管。元器件连接方式参考电路原理图，电路元器件如图9-22所示。

表9-1　金属检测仪元器件清单

元　器　件	说　　明
电涡流传感器	日立0244
光电耦合器	OC817
二极管	
蜂鸣器	

续表

元　器　件	说　　明
电阻	3.9kΩ
电阻	1kΩ
三极管	9012

图 9-22　电路元器件

2. 制作步骤

（1）检测电涡流传感器的好坏。

电涡流传感器——日立 0244 一共有三根引线，分别用于接电源、接地和输出。首先将电源线和地线分别接电源和地，然后将输出线接一个发光二极管，之后将金属材质的物品靠近电涡流传感器，如果该电涡流传感器工作正常，那么发光二极管就会点亮发光。检测电路连接如图 9-23 所示。

（2）金属检测仪电路布局设计（请将布局图画在布局用纸上）。

实物布局图如图 9-24 所示（仅供参考）。

（3）焊接元器件。

在焊接元器件时，要注意合理布局。需要注意的是，应先焊小元件，后焊大元件，以防止小元件插接后掉下来的现象发生。

（4）焊接完成后先自查，然后请教师检查。如有问题，则修改完毕后，再请教师检查。

图 9-23　电涡流传感器检测电路连接图

图 9-24　实物布局图

（5）通电并调试电路。

给电路接上电源，电路制作正确时，将金属物品靠近电涡流传感器，蜂鸣器会报警；如将金属物品拿开，蜂鸣器报警会停止。在确定电涡流传感器工作正常的前提下，如果电路不工作，最有可能出现的原因就是光电耦合器的型号不对，因此无法带动后续电路。除此之外，要仔细检查每一个元器件的性能好坏，以保证继电器连接正确。

3. 制作注意事项

（1）电涡流传感器的电压要达到 6V 以上，否则传感器不工作，因此电压一定要调节到位。

（2）注意光电耦合器的引脚顺序。

（3）注意继电器的线圈及常闭、常开触点排列顺序，必要时用万用表实际测试。

（4）注意三极管 9012 的引脚顺序。

4. 完成实训报告

思考题

哪些因素能够影响金属检测仪电路的灵敏度？如果想提高金属检测仪电路的灵敏度，则需要对电路进行哪些改动？

阅读材料

2014 年，位于上海浦东新区的上海中心大厦经历六年建设终于封顶，632m 的高度不仅超越上海环球金融中心，成为中国当时最高的摩天大厦，同时也跻身为世界第二高楼，仅次于迪拜的哈利法塔。如图 9-25 所示的坐落在陆家嘴的上海中心大厦成为这片金融贸易区的新地标建筑。

顶端最后的施工部分，造价近 42 亿美元，超过 121 层的上海中心可谓高耸入云端，一览众楼小。超高层建筑的高层区域，风速比地面大 5~6 级。风速较大时，建筑会产生晃动，使人有眩晕的感觉。为此，许多超高层建筑都装有调谐质量阻尼器，以控制风致振动。上海中心大厦也不例外，不过它的抗风装置十分特别，是世界首创的摆式电涡流调谐质量阻尼器。

摆式电涡流调谐质量阻尼器由吊索、质量块、阻尼系统、主体结构保护系统 4 部分组成。位于 125 层的质量块身形巨大，重达 1000 吨，是当时世界上最重的摆式阻尼器质量块。它由 12 根长 25m 的钢索吊住。在质量块下方，圆盘状的磁场源与金属板构成了电涡流调谐质量阻尼系统。上海材料研究所副所长、消能减振专家徐斌表示：相比传统的阻尼器，这种新型阻尼器实现了阻尼系统与质量块的柔性连接、阻尼比的灵活调节，使阻尼性能大幅提高。

图 9-25　上海中心大厦

据上海材料研究所所长鄢国强介绍，质量块和吊索构成一个巨型复摆，它与主体结构的共振，能消减大楼的晃动。采用电涡流技术的阻尼系统可减少质量块的振幅，消耗风振输入能量。"电涡流阻尼用于超高层建筑风阻尼器，在国际上还是第一次。"

上海中心大厦落成后，安装有摆式电涡流调谐质量阻尼器的 125 层"阻尼器观光平台"成为了上海科普教育基地。这套装置的质量块上放置有艺术大师设计的雕塑，也成为申城的新景观。

第 二 篇

第一章 传感器在机器人中的应用

机器人（Robot）是自动执行工作的机器装置。它既可以接收人类指挥，又可以运行预先编制的程序，也可以根据以人工智能技术制定的原则纲领行动。它的任务是协助或取代人类进行工作。它是高度整合控制论、机械电子、计算机、材料和仿生学的产物，在工业、医学、农业、建筑业甚至军事等领域中均有重要用途。

机器人发展至今体系庞大，主要可以划分为三大领域，工业机器人、服务机器人和特种机器人。

工业机器人根据用途不同可以细分为如下几类，如图 1-1 所示。

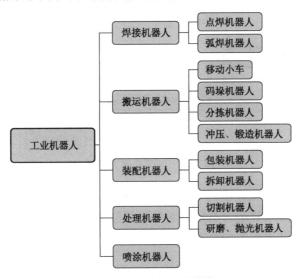

图1-1　工业机器人分类

图 1-2 所示为工业机器人在现代汽车制造业中的应用案例。工业机器人是集机械、电子、控制、计算机、传感器、人工智能等多学科先进技术于一体的重要的现代制造业自动化装备。多年来，我国汽车零部件生产一直由手工焊、专机焊占据焊接生产的主导地位，劳动强度大，作业环境恶劣，焊接质量不易保证，而且生产的柔性也很差，无法适应现代汽车生产的需要。近年来，由于焊接机器人的大量应用，提高了零部件生产的自动化水平及生产效率，同时使生产更具有柔性，焊接质量也得到了保证。

图1-2　工业机器人在现代汽车制造业中的应用

服务机器人按应用环境，可以划分为如下几类，如图 1-3 所示。

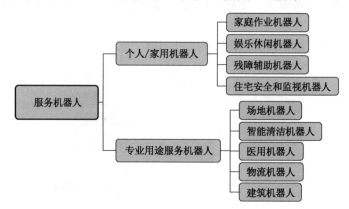

图1-3　服务机器人分类

服务机器人是机器人家族中的一个年轻成员，当前世界服务机器人的市场化程度仍处于起步阶段，但受简单劳动力不足及老龄化等刚性驱动和科技发展促进的影响，机器人的增长很快，并在世界范围内具有巨大的发展潜力。在发达国家，服务机器人的发展更是有着广阔的市场。

图 1-4 所示为家庭清洁机器人。传统的清洁机器人在欧、美、韩、日普及度非常高，在中国最近几年也以每年倍增的速度在普及，但传统的清洁机器人只是属于家用电器类别，真正的智能化无从谈起。相对于传统清洁机器人，智能清洁机器人包括双模免碰撞感应系统、自救防卡死功能、自动充电、自主导航路径规划，配备广角摄像头（120°）、15 组感应红外装置，加入路由 WiFi 功能，通过手机 App 可直接远程操控机器人，并可拍照视频分享。前几年，家庭服务机器人的概念还和普通老百姓的生活相隔甚远，广大消费者还体会不到家庭服务机器人的科技进步给生活带来的便捷。而如今，越来越多的消费者正在使用家庭服务机器人产品，概念不再是概念，而是通过产品让消费者感受到了实实在在的贴心服务。

图1-4　家庭清洁机器人

特种机器人按用途不同，可以划分为如下几类，如图1-5所示。

特种机器人在机器人家族发展最早，并且体系庞大。由于其能进入人类无法到达的领域帮人类完成各种复杂工作而备受各国政府的重视。

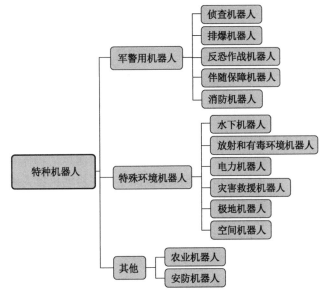

图1-5　特种机器人分类

图1-6所示为水下机器人。这种机器人以传感、控制为主，机械传动部分应用仿生学技术模拟鱼类的游动方式，使得它在水下游动时动作连续、自由、灵活。它还拥有螺旋桨推进、上浮下潜、横滚调整等多种运动机械结构，能够进行多种方式的运动。这种机器人提供基本的 WiFi 控制和尾鳍推动模块，配置有视觉舱体，可进行 720P 高清视频实时传输和图像存储。这种机器人还提供多种可拓展性模块及高级传感器模块，从而可以提升自身的智能性。

图1-6　水下机器人

无论哪种机器人，一般都由执行机构、驱动装置、检测装置、控制系统和复杂机械等组成。为了完成人类交给它的任务，它需要对自身和外界的各种信息进行检测和处理，这就需要用到各种先进的传感技术和元件。

如图 1-7 所示为常见的人形机器人的结构示意图。

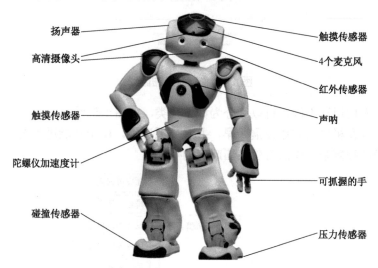

扬声器
高清摄像头
触摸传感器
陀螺仪加速度计
碰撞传感器

触摸传感器
4个麦克风
红外传感器
声呐
可抓握的手
压力传感器

图 1-7　机器人及其常见传感器典型应用位置示意图

下面列举机器人中常用到的部分传感器。

二维视觉传感器：二维视觉系统是一个可以执行从检测运动物体到传输带上的零件定位等多种任务的摄像头。许多智能相机都可以检测零件并协助机器人确定零件的位置，机器人可以根据接收到的信息适当调整其动作。

三维视觉传感器：三维视觉系统必须拥有两个不同角度的摄像机或激光扫描器，用以检测对象的第三维度。例如，零件取放时需要利用三维视觉技术检测物体并创建三维图像，以分析并选择最好的拾取方式。

力/力矩传感器：如果说视觉传感器给了机器人眼睛，那么力/力矩传感器则给机器人带去了触觉。机器人利用力/力矩传感器感知末端执行器的力度。多数情况下，力/力矩传感器位于机器人和夹具之间，这样，所有反馈到夹具上的力都在机器人的监控之中。有了力/力矩传感器，装配、人工引导、示教、力度限制等应用才得以实现。

碰撞检测传感器：这种传感器有各种不同的形式，其主要应用是为作业人员提供一个安全的工作环境，协作机器人最需要它们。一些传感器可以是某种触觉识别系统，通过柔软的表面感知压力，给机器人发送信号，以限制或停止机器人的运动。

触觉传感器：这类传感器一般安装在抓手上，用来检测和感觉抓取的物体是什么。触觉传感器通常能够检测力度并得出力度分布的情况，从而知道对象的确切位置，让机器人可以控制抓取的位置和末端执行器的抓取力度。另外还有一些触觉传感器可以检测热量的变化。

视觉和接近传感器：该传感器类似自动驾驶车辆所需的传感器，包括摄像头、红外线、声呐、超声波、雷达和激光雷达。某些情况下可以使用多个摄像头，尤其是立体视觉。将这些传感器组合起来使用，机器人便可以确定尺寸，识别物体，并确定其距离。

射频识别（RFID）传感器：该传感器可以提供识别码并允许得到许可的机器人获取其他信息。

麦克风（声学传感器）：可帮助工业机器人接收语音命令并识别熟悉环境中的异常声音。如果加上压电传感器，还可以识别并消除振动引起的噪声，避免机器人错误理解语音命令。先进的算法甚至可以让机器人了解说话者的情绪。

温度传感器：温度传感器是机器人自我诊断功能的一部分，可用于确定其周遭的环境，避免潜在的有害热源。利用化学、光学和颜色传感器，机器人能够评估、调整和检测其环境中存在的问题。

超声波传感器：其基本原理是测量超声波的飞行时间，通过 $d=vt/2$ 测量距离，其中 d 是距离，v 是声速，t 是飞行时间。超声传感器内部通过压电或静电变送器产生一个频率在几十千赫的超声波脉冲组成波包，利用系统检测高于某阈值的反向声波，然后使用测量到的飞行时间计算距离。超声波传感器一般作用距离较短，普通的有效探测距离为几米，但是会有一个几十毫米的最小探测盲区。由于超声传感器成本低、实现方法简单、技术成熟，因此是移动机器人中常用的传感器。

红外传感器：一般的红外测距都采用三角测距的原理。红外传感器按照一定角度发射红外光束，遇到物体之后，光会反向回来，检测到反射光之后，通过结构上的几何三角关系可以计算出物体距离 D。

激光传感器：常见的激光雷达是基于飞行时间的（Time of Flight，ToF），通过测量激光的飞行时间来测距，其计算方法为 $d=ct/2$，该公式类似前面提到的超声测距的公式，其中 d 是距离，c 是光速，t 是从发射到接收的时间间隔。

一些传感器还可以直接内置在机器人中。有些公司利用加速度计反馈，还有些则使用电流反馈。在这两种情况下，当机器人感知到异常的力度时，便触发紧急停止，从而确保自身安全。要想让工业机器人与人进行协作，首先就要找出可以保证作业人员安全的方法。这些传感器有各种形式，从摄像头到激光等，目的是告诉机器人周围的状况。有些安全系统可以设置成当有人员出现在特定的区域/空间时，机器人会自动减速运行，如果人员继续靠近，机器人则会停止工作。最简单的例子是电梯门上的激光安全传感器。当激光检测到障碍物时，电梯门会立即停止并退回，以避免发生碰撞。

对于可以走路、跑步甚至跳舞的人形机器人，稳定性是一个主要问题。它们需要与智能手机相同类型的传感器，以便向机器人提供准确的位置数据。这些应用采用了具有 3 轴加速度计、3 轴陀螺仪和 3 轴磁力计的 9 自由度（9DOF）传感器或惯性测量单元（IMU）。

移动机器人需要通过传感器实时获取周围障碍物的信息，包括尺寸、形状和位置信息，以实现避障。避障使用的传感器有很多种，目前常见的有视觉传感器、激光传感器、红外传感器、超声波传感器等。

传感器是实现软件智能的关键组件，没有传感器，很多复杂的操作就不能实现。它们不仅可以实现复杂的操作，同时也可以保证这些操作在进行的过程中得到良好的控制。

💡 实践与思考

请同学们在课余实践中查阅资料，总结目前机器人中所用到的传感器种类及特点，并根据当前机器人不断发展壮大的总体趋势分析传感器的未来发展方向。

第二章　传感器在现代汽车中的应用

一、概述

在现代汽车中，传感器广泛应用在发动机、底盘和车身各个系统中。汽车中的传感器在这些系统中担负着信息采集和传输的作用，由汽车的电子控制单元对信息进行处理后向执行器发出指令，以实现对汽车的电子控制。传感器在汽车的电子控制和自我诊断系统中是非常重要的装置，它能及时识别外界的变化和系统本身的变化，再根据变化的信息去控制系统的工作。各个系统控制过程正是依靠传感器进行信息反馈、实现自动控制工作的。

传感器输出的信号有模拟信号和数字信号两种，其中数字信号可直接输入电子控制单元，而模拟信号则要通过 A/D 转换器转换成数字信号后再输入电子控制单元。电子控制单元不断地检测各个传感器的信号，一旦检测出某个输入信号不正常，就可将输入信息错误的信号故障码信息存入存储器内，在需要时可以通过专用诊断仪或采取人工方法读取故障码信息，再根据故障码信息内容，进行有针对性的维修。

电子控制单元有效地控制着系统的工作，而传感器的精度、响应性、可靠性、耐久性及输出的电压信号等，对系统控制的稳定性起着至关重要的作用。

传感器按能量关系分为主动型和被动型两大类。汽车上使用的传感器大多是被动型传感器，这种被动型传感器需要外加电源才能产生电信号。汽车发动机、底盘和车身系统中有很多种传感器，如温度传感器、压力传感器、位置传感器、氧传感器、转速传感器等。这些传感器共同发挥作用，使电子控制单元对发动机的汽油喷射、电子点火、自动变速器、自动空调等进行集中控制。汽车上常用的传感器及其主要结构、安装位置和功能参见表 2-1。

表 2-1　汽车上常用的传感器及其主要结构、安装位置和功能一览表

传感器名称	主要结构	安装位置	功能
冷却液温度传感器	负温度系数热敏电阻	冷却水道上	测量水温
水温表热敏电阻式温度传感器	负温度系数热敏电阻	仪表板上	测量水温
车内外空气温度传感器	负温度系数热敏电阻	车内：挡风玻璃下；车外：前保险杠内	测量车内外空气温度
进气温度传感器	热敏电阻	空气流量计内或空滤器内；进气总管；前保险杠内	测量进气温度
蒸发器出口温度传感器	热敏电阻	空调蒸发器片上	测量空调蒸发器出口温度
排气温度传感器	热敏电阻；热电偶	三元催化转化器上	测量排气温度

续表

传感器名称	主要结构	安装位置	功能
EGR 检测温度传感器	热敏电阻	EGR 进气管道上	测量 EGR 循环气体温度
石蜡式温度传感器	石蜡	化油器式发动机进气槽上	低温时用作进气温度调节装置；高温时用于修正怠速
双金属片式温度传感器	金属片	化油器式发动机进气道上	低温时用于进气温度调节，高温时用于修正怠速
散热器冷却风扇传感器	热敏铁氧体	散热器上	控制散热器风扇转速
变速器油液温度传感器	热敏电阻	液压阀体上	测量油液温度，向 ECU 输入温度信息，以便控制换挡、锁定离合器结合、控制油压
真空开关传感器	膜片、弹簧	空气滤清器上	检测空气滤清器是否堵塞
油压开关传感器	膜片、弹簧	发动机主油道上	检测发动机油压
制动主缸油压传感器	半导体式	制动主缸的下部	控制制动系统油压
绝对压力传感器	硅膜片式	悬架系统	检测悬架系统油压
相对压力传感器	半导体式	空调高压管上	检测冷媒压力
半导体压敏电阻式进气压力传感器	半导体压敏电阻	进气总管上	检测进气压力
真空膜盒式进气压力传感器	真空膜盒、变压器	进气总管上	检测进气压力
电容式进气压力传感器	膜片式	进气总管上	检测进气压力
表面弹性波式进气压力传感器	压电基片	进气总管上	检测进气压力
涡轮增压传感器	硅膜片	涡轮增压机上	检测增压压力
制动总泵压力传感器	半导体式	主油缸下部	检测主油缸输出压力
叶片式空气流量传感器	叶片、电位计	进气管上	检测进气量
热线式空气流量传感器	铂金热线	进气管上	检测进气量
热膜式空气流量传感器	铂金属固定在树脂膜上的发热体	进气管上	检测进气量
量心式空气流量传感器	量心、电位计	进气管上	检测进气量
二氧化锆式氧传感器	锆管、加热元件	排气管、三元催化转化器上	控制空燃比
二氧化钛式氧传感器	钛管、加热元件	排气管、三元催化转化器上	控制空燃比
全范围空燃比传感器	二氧化锆元件、陶瓷加热	排气管、三元催化转化器上	控制空燃比
烟雾浓度传感器	发光元件、光敏元件、信号电路	车厢内	监测空气质量
磁脉冲式曲轴位置传感器（轮齿）	信号转子、永磁铁、线圈	分电器内或曲轴前端皮带轮之后	检测曲轴转角位置、测量发动机转速
磁脉冲式曲轴位置传感器（转子）	正时转子、G、Ne 线圈	分电器内	检测曲轴转角位置、测量发动机转速
光电式曲轴位置传感器	曲轴转角传感器、信号盘	分电器内	检测曲轴转角位置、测量发动机转速
触发叶片式霍尔曲轴位置传感器	内外信号轮	曲轴前端	检测曲轴转角位置、测量发动机转速

续表

传感器名称	主 要 结 构	安 装 位 置	功 能
凸轮轴位置传感器	脉冲环、霍尔信号发生器	分电器内	检测判缸信号
稀薄混合气传感器	二氧化锆固体电解质	三元催化转化器上	测量排气中氧浓度，控制空燃比
磁致伸缩式爆震传感器	磁心、感应线圈、永久磁铁	发动机缸体上	检测爆震信号、输入ECU
共振型堆电式爆震传感器	压电元件、振荡片	发动机缸体上	检测爆震信号、输入ECU
非共振型压电式爆震传感器	平衡重、压电元件	发动机缸体上	检测爆震信号、输入ECU
线性输出型节气门位置传感器	怠速触点、全开触点电阻器、导线	节气门体上与节气门连接	判断发动机工况，以控制喷油脉宽
开关型节气门位置传感器	IDL触点、PSW功率触点、凸轮、导线	节气门体上与节气门连接	判断发动机工况，以控制喷油脉宽
滚轴式碰撞传感器	滚轴、触点、片状弹簧	两侧翼子板内；两侧前照灯支架下；散热器支架左右两侧；驾驶室仪表盘和手套箱下方或车身前部中央位置	检测汽车加速度
偏心锤式碰撞传感器	心锤、臂、触点、弹簧、轴		检测汽车加速度
水银开关式碰撞传感器	水银、电极		检测汽车加速度
电阻应变计式碰撞传感器	电子电路、应变计、振动块、缓冲介质		检测汽车加速度
无触点式扭矩传感器	线圈、扭力杆	转向轴上	测量转向盘与转向器之间相对扭矩
滑动可变电阻式扭矩传感器	电位器，滑环、齿轮、扭杆	转向轴上	
光电式车身高度传感器	光电耦合元件、遮光盘、轴	悬架系统减振器杆上	将车身高度转换成电信号，输入ECU
座椅位置传感器	霍尔元件、永久磁铁	座椅调节装置上	调节座椅状态
力位传感器	线圈、铁心	GPS终端机上	车辆导航
舌簧开关型车速传感器	舌簧开关、磁铁	变速器输出轴或组合仪表内	测量汽车行驶速度
光电耦合型车速传感器	光电耦合器、转子	组合仪表内	
电磁型车速传感器	转子、线圈	变速器输出轴上	
电磁式轮速传感器	传感头、齿圈	车轮上、减速器或变速器上	检测轮速
霍尔式轮速传感器	霍尔元件、触发齿圈、永久磁铁		
日照传感器	光电管、滤光片	风挡玻璃下、仪表盘上侧	把太阳照射情况转变成电流，以修正车内温度
光电式光量传感器	硫化镉、陶瓷基片、电极	仪表盘上方灯光控制器内	自动控制汽车灯具亮、熄
光敏二极管式光量传感器	光敏二极管、放大器	仪表盘上，可接收外来灯光处	检测车辆周围亮度，自动控制前照灯的亮度
雨滴传感器	振动板、压电元件、放大电路	发动机室盖板上	检测降雨量，以控制雨刷器转速
蓄压器压力传感器	半导体压敏电阻元件	油压控制组件上方	检测油压控制组件的压力
空调压力开关传感器	膜片、活动触点、固定触点、感温包	高压压力开关安装在高压管路上，低压压力开关安装在低压管路上	高压压力开关：高压回路压力高于规定值时使压缩机停机；低压压力开关：高压回路压力低于规定值时使压缩机停转

二、汽车上主要传感器相关知识简介

1. 温度传感器

现代汽车发动机、自动变速器和空调等系统均使用温度传感器，以用于测量发动机的冷却液温度、进气温度、自动变速器油温度、空调系统环境温度等。汽车上实际应用的温度传感器主要有热敏电阻式、石蜡式、双金属片式和热敏铁氧体等。

发动机冷却液温度传感器多用热敏电阻制成。由陶瓷半导体材料掺入适当金属氧化物高温烧结制成的热敏电阻，具有负温度系数：水温低时，电阻值大；水温高时，电阻值小。发动机冷却液温度传感器一般安装在发动机缸体、缸盖的水套或节温器内，并伸入水套中。发动机冷却液温度传感器实物如图 2-1 所示。

图 2-1　发动机冷却液温度传感器

石蜡式温度传感器用石蜡制成，利用的是石蜡热胀冷缩的原理。石蜡式温度传感器一般用于老式化油器式发动机上，低温时用于发动机进气温度调节装置，高温时作为发动机怠速修正传感器。石蜡式温度传感器其实物如图 2-2 所示。

双金属片式温度传感器主要用于化油器式发动机的进气控制与检测，当温度低时双金属片不动，进气阀门关闭；当温度升高时，双金属片发生弯曲，阀门打开。双金属片式温度传感器实物如图 2-3 所示。

图 2-2　石蜡式温度传感器

图 2-3　双金属片式温度传感器

热敏铁氧体温度传感器由强磁材料制成，当环境温度超过某一规定值时，热敏铁氧体的磁导率急剧下降，利用这一特性可以使舌簧开关导通或断开，常用于控制散热器的冷却风扇。热敏铁氧体温度传感器实物如图 2-4 所示。

图 2-4　热敏铁氧体温度传感器

2. 空气流量传感器

空气流量传感器是用来检测发动机进气量大小的器件，它将进气量的大小转变成电信号输入电子控制单元（ECU），以供 ECU 计算喷油量和点火时间。

热线式空气流量传感器的核心是一根 70μm 粗细的铂金丝，工作时该铂金丝被加热，电子系统通过检测被加热的铂金丝和空气之间的热传递来实现空气流量的检测。热线式空气流量传感器实物如图 2-5 所示。

图 2-5　热线式空气流量传感器

另外还有叶片式空气流量传感器，但相对精度不高，其应用日益减少。

3. 压力传感器

在汽车的使用过程中，各种气体和液体的压力都需要实时监测，这就用到了各种压力传感器。

半导体压敏电阻式传感器体积小，精度高，响应性、再现性、抗震性好，成本低，利用的是半导体的压敏特性，多用于进气歧管的压力检测。半导体压敏电阻式传感器实物如图 2-6 所示。

电容式压力传感器利用氧化铝膜片和底板彼此靠近排列，形成电容，利用它随上下压力差而改变容量的性质，获得与压力成比例的电容值信号。电容式压力传感器也常用于进气歧管的压力检测，其实物如图 2-7 所示。

图 2-6　半导体压敏电阻式传感器

图 2-7　电容式压力传感器

机油压力传感器主要由膜片和弹簧构成，利用油压对膜片的推动和弹簧的力量抗衡来实现对油压的检测。机油压力传感器实物如图 2-8 所示。

图 2-8　机油压力传感器

4. 位置传感器

应用在汽车上的位置传感器有曲轴位置传感器、凸轮轴位置传感器、节气门位置传感器、液位传感器和车辆高度传感器等。

磁脉冲式曲轴位置传感器由铁磁材料构成，当发动机运转时，传感器中的线圈产生感应电动势，经过电路滤波整形后形成脉冲信号提供给后续电路。磁脉冲式曲轴位置传感器实物如图 2-9 所示。

霍尔式凸轮轴位置传感器由集成电路、永久磁铁和导磁片组成，利用因凸轮轴位置不同而产生的电压信号不同来检测凸轮轴的相应位置。霍尔式凸轮轴位置传感器实物如图 2-10 所示。

图 2-9　磁脉冲式曲轴位置传感器　　　图 2-10　霍尔式凸轮轴位置传感器

节气门位置传感器安装在节气门体上，与节气门轴相连接，驾驶员通过驾驶板操作节气门的开度，传感器相应地把开度转换成电信号输送给 ECU。节气门位置传感器实物如图 2-11 所示。

浮子可变电阻式液位传感器的浮子可以随着液位上下移动，滑动臂可在电阻上滑动，从而改变了搭铁与浮子间的电阻值。利用这一特性传感器就可以控制回路电流的大小，在仪表上显示液位的高低。浮子可变电阻式液位传感器实物如图 2-12 所示。

图 2-11　节气门位置传感器　　　图 2-12　浮子可变电阻式液位传感器

5. 速度与加速度传感器

曲轴位置传感器是电喷发动机特别是集中控制系统中最重要的传感器，也是点火系统和燃油喷射系统共用的传感器。其作用是检测发动机曲轴转角和活塞上止点，并将检测信号及时送至发动机电脑，用以控制点火时刻（点火提前角）和喷油正时，是测量发动机转速的信号源。

电磁感应式转速传感器是从喷油泵处获得转速信号的，该传感器的线圈周围有由铁磁材料制成的齿轮，齿轮旋转会在线圈中产生交变电压，以提供给后面的电路进行处理。电磁感应式转速传感器实物如图2-13所示。

水银式减速度传感器利用的是水银的惯性和导电性对车的减速和加速进行检测。水银式减速度传感器结构如图2-14所示。

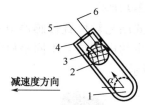

1—水银正常位置；2—水银碰撞时位置；3—触头；
4—外壳；5—接电源；6—接电雷管

图2-13 电磁感应式转速传感器　　　图2-14 水银式减速度传感器

6. 气体浓度传感器

汽车氧传感器是电喷发动机控制系统中关键的传感部件，是控制汽车尾气排放、降低汽车对环境污染、提高汽车发动机燃油燃烧质量的关键零件。氧传感器均安装在发动机排气管上。

氧传感器是利用陶瓷敏感元件测量各类加热炉或排气管道中的氧电势，由化学平衡原理计算出对应的氧浓度，以监测和控制炉内燃烧空燃比，保证产品质量及尾气排放达标的测量元件。它广泛应用于各类煤燃烧、油燃烧、气燃烧等炉体的气氛控制。氧传感器用于电子控制燃油喷射装置的反馈控制系统，用来检测排气中的氧浓度与空燃比的浓稀，在发动机内进行理论空燃比（14.7：1）燃烧的监控，并向电脑输送反馈信号。氧传感器实物如图2-15所示。

烟尘传感器上有利于空气和烟尘流动的缝隙，当烟尘浓度较大时，烟尘对于红外线的反射会被红外接收管检测到，从而发出电信号。烟尘传感器实物如图2-16所示。

图2-15 氧传感器　　　　　　图2-16 烟尘传感器

7. 爆震与碰撞传感器

点火时刻的闭环控制是采用爆震传感器检测发动机是否发生爆震作为反馈信号的，以决定点火时刻是提前还是延后。所以爆震传感器是点火时刻闭环控制系统必不可少的重要部件，它的功能是将发动机爆震信号转变成电信号输入ECU，ECU根据爆震信号对点火提前角进行修正，从而使点火提前角在任何工况下都保持一个最佳值。

压电式爆震传感器是利用压电陶瓷在震动的条件下产生电荷聚集来检测爆震的，其特点是体积小、结构简单、成本低。压电式爆震传感器实物如图 2-17 所示。

偏心锤式碰撞传感器结构里有一个偏心锤，当传感器静止时，在复位弹簧的作用下，偏心锤与挡块接触；当汽车受到碰撞时，偏心锤的惯性力矩克服了弹簧的力矩，从而使静止触点和动触点接通，并使 SRS 气囊的搭铁回路接通。偏心锤式碰撞传感器实物如图 2-18 所示。

图 2-17　压电式爆震传感器

图 2-18　偏心锤式碰撞传感器

8. 汽车上的其他常用传感器

一辆汽车尤其是高级轿车上有大量的传感器，随着科技的发展和司机对驾车感受的追求，汽车上应用的传感器将越来越多。

日照传感器的主要功能是检测日照量以调整出风温度及出风量，一般以光敏二极管作为其核心，日照传感器实物如图 2-19 所示。

湿度传感器主要用于对汽车风挡玻璃的防霜、化油器进气部位空气湿度的测定，以及在自动空调系统中对车内相对湿度的测定，一般是由装有金属氧化物的陶瓷材料制成的多孔烧结体，当湿度传感器吸附了水分子之后，本身的阻值会发生变化。湿度传感器实物如图 2-20 所示。

图 2-19　日照传感器

图 2-20　湿度传感器

对于下雨的检测可以采用雨滴传感器，其实多数情况下，雨滴传感器是震动传感器结合湿度传感器来实现对于下雨的检测的。雨滴传感器实物如图 2-21 所示。

图 2-21　雨滴传感器

实践与思考

请同学们在课余实践中和一些司机谈一谈，然后总结出未来汽车可能在哪些方面改进和提高，并且应增加具有哪些功能的传感器。

第三章 传感器在智能家居中的应用

随着科技的进步与收入水平的提高，人们对生活品质不断提出更高的要求。传感器在家居生活中的应用，就给人类生活带来了变化，现代生活中常用的传感器多数应用于以下方面：给人类生活提供更舒适的环境；家居生活变得更加便捷；居家生活安全感有所增强。下面介绍几种常见的传感器家居应用。

图3-1 恒温鱼缸控制器

图3-2 能够监测环境照度的台灯

热电偶温度传感器利用热电偶在温度差异的情况下产生微小电动势的特性来检测温度，常用于热水器的温度检测、家庭饲养热带鱼的鱼缸的温度检测、饮水机温度的检测等。实际应用如图3-1所示。

光敏传感器利用的是半导体的光敏特性，一些半导体在受到光线照射的情况下会产生阻值的变化，利用这个特性就可以对光线的强弱进行检测。有些高级的台灯可以自动检测环境光线的强弱，有些电视机也可以根据环境光线调节背光的明暗，这些功能都是为了更好地保护人的视力。实际应用如图3-2所示。

驻极体话筒具有体积小、结构简单、电声性能好、价格低的特点，被广泛用于录音机、无线话筒及声控电路等中，属于最常用的电容话筒。因为输入和输出时的阻抗很高，所以要在这种话筒外壳内设置一个场效应管以作为阻抗转换器。这类设置一般应用在楼道或卫生间安装的自动灯里，以根据环境的明暗自动开启并延时关闭来省电能。很多自动灯不仅能检测声音还能检测环境的光线，在环境光线充足的情况下，即使有较高的声音也不开启，只有环境的光线不足和有声音这两个条件同时出现的时候才开启，从而可以更好地实现了节能功能。实际应用如图3-3所示。

红外传感器利用半导体材料对于红外线敏感的特性制成，能将外界红外线的变化方便地转换成电信号，一般可用于红外线感应自动水龙头。这样的水龙头在人手接近的情况下会自动放水，在人手离开的时候，及时关闭，既实现了节水功能，又避免了因不同人的手接触同一水龙头可能造成的交叉传染。实际应用如图3-4所示。另外，卫生间的自动烘手机也采用了红外传感器来检测人手，自动加热烘手机给人们的生活带来了很多方便。

图 3-3　声控节能灯座

图 3-4　红外线感应节水水龙头

　　燃气传感器利用恒定直流电压通过搭桥对敏感元件进行加热，当附近有可燃性气体出现时，气体与预先加热的敏感元件表面相接触，就会发生燃烧现象，产生热量，增加的热量会加大电阻，产生的信号与可燃气体的浓度成正比，这样就检测到了可燃性气体的浓度。一般，在家庭安装可燃性气体报警器，能给人们的生活带来进一步的安全保障。当然，可燃性气体报警器要经常（大约一个月）进行性能测试，以避免因老化及油污等原因带来的失效隐患。实际应用如图 3-5 所示。

　　无线电信号传感器利用电磁感应原理，一般采用电感和电容组成的振荡电路来接收相应频率的无线电信号，之后整形、滤波、解码、驱动后面的电路工作，一般可用于车库的遥控门锁的钥匙上。实际应用如图 3-6 所示。

图 3-5　可燃性气体报警器

图 3-6　车库遥控门锁的钥匙

　　干簧管利用磁场同性相斥、异性相吸的原理进行工作，主要分为常开和常闭两种。它一般用于家庭的门窗之上，一旦门窗被非法开启，门磁报警器的两部分分开，也就是磁铁和干簧管分开，干簧管的分合状态立即发生变化，导致后续电路的工作状态发生变化，从而实现报警。有些门磁报警器还具有远程无线报警功能。实际应用如图 3-7 所示。

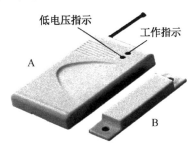

低电压指示

工作指示

A

B

图 3-7　无线门磁报警器

　　指纹传感器目前主要是利用光学全反射原理而制作的，目前已有超声波扫描指纹传感器和晶体电容指纹传感器。其中，基于光学全反射原理的指纹传感器虽然成像能力一般，但因其具有耐用性好、成本低、可靠性高和性能稳定等优点，是目前的首选指纹传感器，利用指纹传感器制作的门锁可以提供更安全和便捷的开锁体验，省却了忘带和丢失钥匙的烦恼。实际应用如图 3-8 所示。

随着科技的发展，未来应用于家居生活的传感器将越来越多，生活也会变得更加舒适、便捷、安全、健康。

图 3-8　指纹锁

💡 **实践与思考**

请同学们在课余时间多走访高端时尚商品房小区，和物业管理人员谈一谈，设想未来住宅小区发展的方向和可能用到具有哪些新功能的传感器件。

第四章 传感器在无损检测中的应用

　　无损检测（又称无损探伤）是在不损伤检测对象的情况下，借助其内部材料结构的不连续（缺陷）引起的声、光、电、磁等物理量的变化，来探测各种工程材料、零部件、结构件等内部和表面缺陷的一种检测方法。无损检测类似生活中的"隔皮猜瓜"。挑选西瓜时，人们常常用手轻轻拍打西瓜外皮，通过听声响或手感，来判断西瓜的生熟，这样对西瓜没有损坏，是非破坏性的，这就是生活中的无损检测。生活中还有许多无损检测的例子，比如机场的安检、医学领域的 B 超等。除以上这些应用外，无损检测还被广泛地应用于航空、航天、冶金、机械、化工、核能等领域，适用于产品设计、研制、生产和使用的全过程。在无损检测过程中，需要应用多种传感器，本章将向大家介绍无损检测所涉及的传感器。

一、涡流检测

　　涡流检测（简称 ET）应用范围广泛，涉及航空、航天、冶金、机械、电力、化工、核能等领域。涡流检测适用于导电材料，建立基础是电磁感应原理。

　　在本书第一篇第九章中向大家介绍过涡流传感器的工作原理：在无损检测中检测线圈通入交变电流，建立交变磁场；探头靠近被检测件，由线圈交变磁场通过被检测件，与之发生电磁感应作用，在导电材料中建立涡流，被检测件中的涡流会产生自己的磁场（附加磁场），如果被检测件表面存在缺陷，则会造成涡流流通路径的畸变，最终影响涡流磁场。涡流磁场反过来也会作用于探头，从而使原磁场的强弱发生改变，进而导致探头阻抗发生变化，通过测定探头阻抗的变化，就可以评价出被检测件的性能及有无缺陷。例如，在轨道列车（高铁、地铁、轻轨）中经常应用涡流无损检测进行车轮的探伤。如图 4-1 所示为拖车车轮探伤区域及动车车轮探伤区域。

图 4-1　拖车车轮探伤区域及动车车轮探伤区域

BVV 车轮涡流探伤需要用到 M2 型涡流探伤仪，如图 4-2 所示，轨道列车 BVV 车轮涡流探伤（无损检测）如图 4-3 所示。

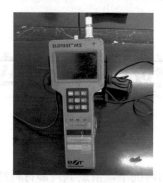

图 4-2　M2 型涡流探伤仪

图 4-3　涡流探伤

二、超声波检测

在第一篇第七章中向大家介绍了超声波传感器及其相关知识。广义的超声波检测系统是指用于超声波检测的全部装置、器材和人员。狭义的（也就是最基本的）超声波检测系统包括超声波检测仪器、探头、连接仪器、探头的电缆线、试块和耦合剂。超声波检测系统是实施超声波检测的必要条件，其性能决定了检测结果的可靠性。选择合适的超声波检测系统就是选择合适的检测条件，这是超声波检测的重要前提，是决定检测成败的关键。

超声波检测仪的主要作用是：产生电脉冲激励信号并提供给发射换能器，以便激发超声波；接收、处理、分析并显示来自接收换能器的、包含被检测对象的不连续性或物理量信息的信号，以便对不连续性或物理量做出评价。

超声波检测可分为三类：第一类是用于探伤的超声波探伤仪，如各类用于金属、非金属和复合材料的探伤仪；第二类是用于测量的超声波测量仪，如用于测量厚度的测厚仪，用于测量距离的测距仪，用于测量声速的声速仪，以及用于测量流量的流量计；第三类是用于医学诊断的超声波检测仪，如 B 超、血流量仪等。

图 4-4 所示是轨道列车中闸片托吊座连接焊缝超声波相控阵探伤仪设备——ISONIC3510 型手动便携式相控阵超声波检测系统。该系统具有 32 个检测通道。仪器的垂直线性误差≤5%（满幅刻度），水平线性误差≤1%（满幅刻度）。闸门的位置、宽度及高度任意可调。如图 4-5 所示为超声波探伤检测。

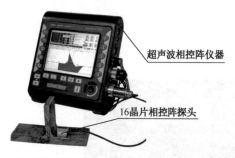

超声波相控阵仪器

16晶片相控阵探头

图 4-4　ISONIC3510 型手动便携式相控阵超声波检测系统

图 4-5　超声波探伤检测

三、射线检测

射线检测是一种重要的无损检测手段，主要应用于铸件及焊接件的内部缺陷检测。其依据被检零件成分、密度、厚度等的不同，以射线吸收或散射的不同特性为检测原理，能直观地显示缺陷影像，便于对缺陷进行定性、定量和定位。

工业应用的射线检测技术包括 X 射线检测、伽马射线检测和中子射线检测三种。其中，应用最广的是 X 射线检测。

X 射线检测是利用 X 射线可以穿透物质和在物质中具有衰减的特性，发现缺欠的一种无损检测方法。X 射线的波长很短，一般为 0.001～0.1nm。X 射线以光速直线传播，不受电场和磁场的影响，可穿透物质，在穿透过程中有衰减，能使胶片感光。

当 X 射线穿透物质时，由于射线与物质的相互作用，将产生一系列物理过程，其结果使射线被吸收或散射而失去一部分能量，强度相应减弱，这种现象称为射线的衰减。X 射线检测的实质是根据被检验工件与其内部缺欠介质对射线能量衰减程度不同，而引起射线透过工件后强度差异，使感光材料（胶片）上获得缺欠投影所产生的潜影，经过暗室处理后获得缺欠影像，再对照标准评定工件内部缺欠的性质和底片级别。图 4-6 所示为某高铁生产厂所使用的 X 射线检测仪，图 4-7 所示为使用 X 射线检测仪进行无损检测。

图 4-6　X 射线检测仪

图 4-7　使用 X 射线检测仪
进行无损检测

💡 **实践与思考**

请同学们分析一下自己所学专业中哪些领域需要用到无损检测，检测时应用哪种方法？

第五章 传感器在智慧农业中的应用

图 5-1 农作物生长监控智能装备

智慧农业的功能就是将物联网技术运用到传统农业中去，运用传感器和软件，通过移动平台或计算机平台对农业生产进行控制，使传统农业更具有"智慧"。除对农产品实现精准感知、控制与决策管理外，从广泛意义上讲，智慧农业还包括农业电子商务、农产品溯源防伪、农残检测、农产品冷链物流等方面的内容。

智慧农业其中一个重要应用就是借助科技手段充分利用各种传感器对不同的农作物实施精准感知和精确化操作，以实现农业生产环境、生产过程及生产产品的标准化，实际应用如图 5-1 所示。下面介绍在智慧农业中常用的传感器。

农作物生长发育的基本条件就是阳光、水分、土壤和养分，因此对农作物的实时动态监控主要就是这四个方面，实际应用如图 5-2、图 5-3 所示。

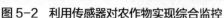

图 5-2 利用传感器对农作物实现综合监控

图 5-3 传感器智能棚室小管家

不同的农作物在不同的生长阶段对温度的要求各不相同，不同的农作物有其最适温度、上限温度和下限温度。所谓上限温度和下限温度就是农作物可以忍耐的最高温度和最低温度，如果农作物超过了上限温度或下限温度，生长就会受到阻碍，甚至会死亡。如菠菜、甘蓝、大葱等农作物属于耐寒性农作物，长期可忍耐-1～2℃低温，短期可忍耐-5～-3℃低温，生长最适宜的温度为 18℃左右。水稻发芽时，可忍耐 40～42℃的高温，但超过 45℃

时，谷芽会被高温烧死，俗称为"烧包"。因此在农作物生长过程中，对温度的控制应非常严格，而温度传感器可以实现对温度的时时监测。实际应用如图5-4、图5-5所示。可借助湿帘实现快速降温、保湿的目的，湿帘的降温效率可达80%以上，温室结构与湿帘必须完善配合才能发挥湿帘最大的功效。如夏季温度较高，如果温室内的温度已经达到40℃以上，利用湿帘3分钟就可使温度降到20℃以下。实际应用如图5-6、图5-7所示。温室技术已经由院内种植、薄膜覆盖、日光温室，发展到现在的智能温室，使农业工厂化成为现实。随着农业物联网技术的发展，农业物联网技术在智能控制、产品质量提高、产品溯源、观光农业、规模生产等方面大大提高了温室的功能性，温室正向着现代化生产方向发展壮大。智能温室也越来越普及，一个小型温室花费不到千元就可以实现。

图5-4　利用温度传感器实现农作物的温度监测

图5-5　温室大棚中的温度传感器

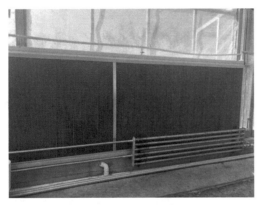

图5-6　湿帘实物

图5-7　冬季温室大棚中的湿帘

湿度与农作物的生长发育、光合作用和病虫害都有着密切的关系。不同的农作物对湿度的要求各不相同，水分长期不足会导致农作物叶片小、机械组织较多、果实成长速度慢、品质不佳、产量低。水分过多会导致农作物茎叶发黄，严重时会造成农作物死亡。如日常生活中人们喜爱的黄瓜就属于湿润型农作物，适宜空气湿度为85%～90%。农作物进行光合作用需要有适宜的空气湿度和土壤湿度。如多数蔬菜光合作用的适宜空气湿度为60%～85%，当空气湿度低于40%或大于90%时，光合作用就会受到障碍。同时，湿度还会诱发和加重农作物病虫害及疫情，如空气湿度较大会加重农作物灰霉病、炭疽病、霜霉病等病害；而空气湿度较小会诱发农作物红蜘蛛、蚜虫等病虫害。因此在农作物生长过程中，对空气湿度和土壤湿度的控制应非常严格，而湿度传感器可以实现对空气湿度和土壤湿度的时时监测。实际应用如图5-8、图5-9所示。

图5-8　土壤湿度传感器

图5-9　利用湿度传感器监测空气湿度

光照强度对农作物的生长发育影响很大，它直接影响农作物光合作用的强弱，影响农作物的产量。有些农作物必须在完全的光照下生长，不能忍受长期荫蔽环境，一般将原产于热带或高原阳面的农作物称为阳性农作物。如西瓜、甜瓜、番茄等都要求有较强的光照，才能很好地生长。光照不足会严重影响农作物产量和品质，特别是西瓜、甜瓜，含糖量会大大降低。因此在农作物生长过程中，对光照的控制应非常严格，而光电传感器可以实现对光照强度的时时监测。实际应用如图5-10、图5-11所示。

图5-10　应用光电传感器的光照监测装置

图5-11　对番茄进行光照监测

云计算、农业大数据使农业经营者可以便捷灵活地掌握天气变化数据、市场供需数据、农作物生长数据等，从而可以通过传感器时时跟踪检测农作物，准确判断农作物是否该施肥、浇水或打药，避免了因自然因素造成的产量下降，提高了农业生产对自然环境风险的应对能力；针对不同农作物匹配营养液，在灌溉控制室中自动控制智能设施，以将营养液输送到土地上，从而可以合理安排用工用时用地，减少劳动和土地使用成本，促进农业生产组织化，提高劳动生产效率。实际应用如图5-12、图5-13所示。

图 5-12 营养液灌溉系统

图 5-13 灌溉控制室

💡 **实践与思考**

请同学们在课余时间上网了解中国智慧农业发展的最新动态。

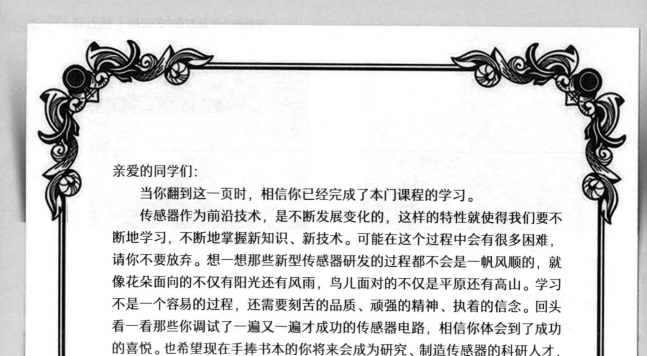

亲爱的同学们：

　　当你翻到这一页时，相信你已经完成了本门课程的学习。

　　传感器作为前沿技术，是不断发展变化的，这样的特性就使得我们要不断地学习，不断地掌握新知识、新技术。可能在这个过程中会有很多困难，请你不要放弃。想一想那些新型传感器研发的过程都不会是一帆风顺的，就像花朵面向的不仅有阳光还有风雨，鸟儿面对的不仅是平原还有高山。学习不是一个容易的过程，还需要刻苦的品质、顽强的精神、执着的信念。回头看一看那些你调试了一遍又一遍才成功的传感器电路，相信你体会到了成功的喜悦。也希望现在手捧书本的你将来会成为研究、制造传感器的科研人才，成为攻克技术难关的国之栋梁。若你没有从事与传感器或与其相关领域的工作也无妨。愿你将调试传感器时的严谨作风、认真态度用到你未来的工作岗位中，成为一个有益于社会的人。

　　同学们，不久的将来你们将走上工作岗位，开启人生新的篇章，请记住：无论遇到什么样的挫折都不要放弃心中的梦想！

编　者

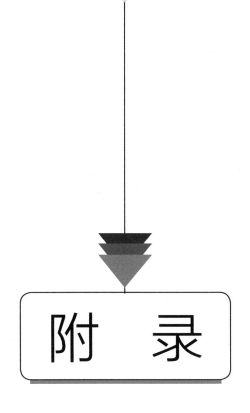

附　录

附录A 金属热电阻分度表

PT100 热电阻分度表

温度 （℃）	0	1	2	3	4	5	6	7	8	9
	电阻值（Ω）									
-200	18.52									
-190	22.83	22.40	21.97	21.54	21.11	20.68	20.25	19.82	19.38	18.95
-180	27.10	26.67	26.24	25.82	25.39	24.97	24.54	24.11	23.68	23.25
-170	31.34	30.91	30.49	30.07	29.64	29.22	28.80	28.37	27.95	27.52
-160	35.54	35.12	34.70	34.28	33.86	33.44	33.02	32.60	32.18	31.76
-150	39.72	39.31	38.89	38.47	38.05	37.64	37.22	36.80	36.38	35.96
-140	43.88	43.46	43.05	42.63	42.22	41.80	41.39	40.97	40.56	40.14
-130	48.00	47.59	47.18	46.77	46.36	45.94	45.53	45.12	44.70	44.29
-120	52.11	51.70	51.29	50.88	50.47	50.06	49.65	49.24	48.83	48.42
-110	56.19	55.79	55.38	54.97	54.56	54.15	53.75	53.34	52.93	52.52
-100	60.26	59.85	59.44	59.04	58.63	58.23	57.82	57.41	57.01	56.60
-90	64.30	63.90	63.49	63.09	62.68	62.28	61.88	61.47	61.07	60.66
-80	68.33	67.92	67.52	67.12	66.72	66.31	65.91	65.51	65.11	64.70
-70	72.33	71.93	71.53	71.13	70.73	70.33	69.93	69.53	69.13	68.73
-60	76.33	75.93	75.53	75.13	74.73	74.33	73.93	73.53	73.13	72.73
-50	80.31	79.91	79.51	79.11	78.72	78.32	77.92	77.52	77.12	76.73
-40	84.27	83.87	83.48	83.08	82.69	82.29	81.89	81.50	81.10	80.70
-30	88.22	87.83	87.43	87.04	86.64	86.25	85.85	85.46	85.06	84.67
-20	92.16	91.77	91.37	90.98	90.59	90.19	89.80	89.40	89.01	88.62
-10	96.09	95.69	95.30	94.91	94.52	94.12	93.73	93.34	92.95	92.55
0	100.00	99.61	99.22	98.83	98.44	98.04	97.65	97.26	96.87	96.48
0	100.00	100.39	100.78	101.17	101.56	101.95	102.34	102.73	103.12	103.51
10	103.90	104.29	104.68	105.07	105.46	105.85	106.24	106.63	107.02	107.40
20	107.79	108.18	108.57	108.96	109.35	109.73	110.12	110.51	110.90	111.29
30	111.67	112.06	112.45	112.83	113.22	113.61	114.00	114.38	114.77	115.15
40	115.54	115.93	116.31	116.70	117.08	117.47	117.86	118.24	118.63	119.01
50	119.40	119.78	120.17	120.55	120.94	121.32	121.71	122.09	122.47	122.86
60	123.24	123.63	124.01	124.39	124.78	125.16	125.54	125.93	126.31	126.69
70	127.08	127.46	127.84	128.22	128.61	128.99	129.37	129.75	130.13	130.52
80	130.90	131.28	131.66	132.04	132.42	132.80	133.18	133.57	133.95	134.33
90	134.71	135.09	135.47	135.85	136.23	136.61	136.99	137.37	137.75	138.13

续表

温度(℃)	0	1	2	3	4	5	6	7	8	9
	电阻值（Ω）									
100	138.51	138.88	139.26	139.64	140.02	140.40	140.78	141.16	141.54	141.91
110	142.29	142.67	143.05	143.43	143.80	144.18	144.56	144.94	145.31	145.69
120	146.07	146.44	146.82	147.20	147.57	147.95	148.33	148.70	149.08	149.46
130	149.83	150.21	150.58	150.96	151.33	151.71	152.08	152.46	152.83	153.21
140	153.58	153.96	154.33	154.71	155.08	155.46	155.83	156.20	156.58	156.95
150	157.33	157.70	158.07	158.45	158.82	159.19	159.56	159.94	160.31	160.68
160	161.05	161.43	161.80	162.17	162.54	162.91	163.29	163.66	164.03	164.40
170	164.77	165.14	165.51	165.89	166.26	166.63	167.00	167.37	167.74	168.11
180	168.48	168.85	169.22	169.59	169.96	170.33	170.70	171.07	171.43	171.80
190	172.17	172.54	172.91	173.28	173.65	174.02	174.38	174.75	175.12	175.49
200	175.86	176.22	176.59	176.96	177.33	177.69	178.06	178.43	178.79	179.16
210	179.53	179.89	180.26	180.63	180.99	181.36	181.72	182.09	182.46	182.82
220	183.19	183.55	183.92	184.28	184.65	185.01	185.38	185.74	186.11	186.47
230	186.84	187.20	187.56	187.93	188.29	188.66	189.02	189.38	189.75	190.11
240	190.47	190.84	191.20	191.56	191.92	192.29	192.65	193.01	193.37	193.74
250	194.10	194.46	194.82	195.18	195.55	195.91	196.27	196.63	196.99	197.35
260	197.71	198.07	198.43	198.79	199.15	199.51	199.87	200.23	200.59	200.95
270	201.31	201.67	202.03	202.39	202.75	203.11	203.47	203.83	204.19	204.55
280	204.90	205.26	205.62	205.98	206.34	206.70	207.05	207.41	207.77	208.13
290	208.48	208.84	209.20	209.56	209.91	210.27	210.63	210.98	211.34	211.70
300	212.05	212.41	212.76	213.12	213.48	213.83	214.19	214.54	214.90	215.25
310	215.61	215.96	216.32	216.67	217.03	217.38	217.74	218.09	218.44	218.80
320	219.15	219.51	219.86	220.21	220.57	220.92	221.27	221.63	221.98	222.33
330	222.68	223.04	223.39	223.74	224.09	224.45	224.80	225.15	225.50	225.85
340	226.21	226.56	226.91	227.26	227.61	227.96	228.31	228.66	229.02	229.37
350	229.72	230.07	230.42	230.77	231.12	231.47	231.82	232.17	232.52	232.87
360	233.21	233.56	233.91	234.26	234.61	234.96	235.31	235.66	236.00	236.35
370	236.70	237.05	237.40	237.74	238.09	238.44	238.79	239.13	239.48	239.83
380	240.18	240.52	240.87	241.22	241.56	241.91	242.26	242.60	242.95	243.29
390	243.64	243.99	244.33	244.68	245.02	245.37	245.71	246.06	246.40	246.75
400	247.09	247.44	247.78	248.13	248.47	248.81	249.16	249.50	245.85	250.19
410	250.53	250.88	251.22	251.56	251.91	252.25	252.59	252.93	253.28	253.62
420	253.96	254.30	254.65	254.99	255.33	255.67	256.01	256.35	256.70	257.04
430	257.38	257.72	258.06	258.40	258.74	259.08	259.42	259.76	260.10	260.44
440	260.78	261.12	261.46	261.80	262.14	262.48	262.82	263.16	263.50	263.84
450	264.18	264.52	264.86	265.20	265.53	265.87	266.21	266.55	266.89	267.22
460	267.56	267.90	268.24	268.57	268.91	269.25	269.59	269.92	270.26	270.60
470	270.93	271.27	271.61	271.94	272.28	272.61	272.95	273.29	273.62	273.96
480	274.29	274.63	274.96	275.30	275.63	275.97	276.30	276.64	276.97	277.31
490	277.64	277.98	278.31	278.64	278.98	279.31	279.64	279.98	280.31	280.64

续表

温度 （℃）	0	1	2	3	4	5	6	7	8	9
	电阻值（Ω）									
500	280.98	281.31	281.64	281.98	282.31	282.64	282.97	283.31	283.64	283.97
510	284.30	284.63	284.97	285.30	285.63	285.96	286.29	286.62	286.85	287.29
520	287.62	287.95	288.28	288.61	288.94	289.27	289.60	289.93	290.26	290.59
530	290.92	291.25	291.58	291.91	292.24	292.56	292.89	293.22	293.55	293.88
540	294.21	294.54	294.86	295.19	295.52	295.85	296.18	296.50	296.83	297.16
550	297.49	297.81	298.14	298.47	298.80	299.12	299.45	299.78	300.10	300.43
560	300.75	301.08	301.41	301.73	302.06	302.38	302.71	303.03	303.36	303.69
570	304.01	304.34	304.66	304.98	305.31	305.63	305.96	306.28	306.61	306.93
580	307.25	307.58	307.90	308.23	308.55	308.87	309.20	309.52	309.84	310.16
590	310.49	310.81	311.13	311.45	311.78	312.10	312.42	312.74	313.06	313.39
600	313.71	314.03	314.35	314.67	314.99	315.31	315.64	315.96	316.28	316.60
610	316.92	317.24	317.56	317.88	318.20	318.52	318.84	319.16	319.48	319.80
620	320.12	320.43	320.75	321.07	321.39	321.71	322.03	322.35	322.67	322.98
630	323.30	323.62	323.94	324.26	324.57	324.89	325.21	325.53	325.84	326.16
640	326.48	326.79	327.11	327.43	327.74	328.06	328.38	328.69	329.01	329.32
650	329.64	329.96	330.27	330.59	330.90	331.22	331.53	331.85	332.16	332.48
660	332.79									

PT10 热电阻分度表

t（℃）	0	10	20	30	40	50	60	70	80	90
0	10.000	10.390	10.779	11.167	11.554	11.940	12.324	12.708	13.090	13.471
100	13.851	14.229	14.607	14.983	15.358	15.733	16.105	16.477	16.848	17.217
200	17.586	17.953	18.319	18.684	19.047	19.410	19.771	20.131	20.490	20.448
300	21.205	21.561	21.915	22.268	22.621	22.972	23.321	23.670	24.018	24.364
400	24.709	25.053	25.396	25.738	26.078	26.418	26.756	27.093	27.429	27.764
500	28.098	28.430	28.7620	29.092	29.421	29.749	30.075	30.401	30.725	31.049
600	31.371	31.692	32.012	32.33	32.648	32.964	33.279	33.593	33.906	34.218
700	34.528	34.838	35.146	35.453	35.759	36.064	36.367	36.670	36.971	37.271
800	37.570	37.868	38.165	38.460	38.755	39.048				

Cu50 热电阻分度表

t（℃）	−50	−40	−30	−20	−10	−0		
R（Ω）	39.242	41.400	43.555	45.706	47.854	50.000		
t（℃）	0	10	20	30	40	50	60	70
R（Ω）	50.000	52.144	54.258	56.426	58.565	60.704	62.842	64.981
t（℃）	80	90	100	110	120	130	140	150
R（Ω）	67.120	69.259	71.400	73.542	75.686	77.833	79.982	82.134

Cu100 工业铜热电阻分度表

t（℃）	−50	−40	−30	−20	−10	−0		
R（Ω）	78.49	82.80	87.10	91.40	95.70	100.00		
t（℃）	0	10	20	30	40	50	60	70
R（Ω）	100.00	104.28	108.56	112.84	117.12	121.40	129.96	129.96
t（℃）	80	90	100	110	120	130	140	150
R（Ω）	134.24	138.52	142.80	147.08	151.36	155.66	159.96	164.27

附录 B 　热电偶分度表

镍铬-镍硅热电偶（K 型）分度表
（参考端温度为 0℃）

t（℃）	0	10	20	30	40	50	60	70	80	90
	热电动势（mV）									
0	0.000	0.397	0.798	1.203	1.611	2.022	2.436	2.850	3.266	3.681
100	4.095	4.508	4.919	5.327	5.733	6.137	6.539	6.939	7.338	7.737
200	8.137	8.537	8.938	9.341	9.745	10.151	10.560	10.969	11.381	11.793
300	12.207	12.623	13.039	13.456	13.874	14.292	14.712	15.132	15.552	15.974
400	16.395	16.818	17.241	17.664	18.088	18.513	18.938	19.363	19.788	20.214
500	20.640	21.066	21.493	21.919	22.346	22.772	23.198	23.624	24.050	24.476
600	24.902	25.327	25.751	26.176	26.599	27.022	27.445	27.867	28.288	28.709
700	29.128	29.547	29.965	30.383	30.799	31.214	31.214	32.042	32.455	32.866
800	33.277	33.686	34.095	34.502	34.909	35.314	35.718	36.121	36.524	36.925
900	37.325	37.724	38.122	38.915	38.915	39.310	39.703	40.096	40.488	40.879
1000	41.269	41.657	42.045	42.432	42.817	43.202	43.585	43.968	44.349	44.729
1100	45.108	45.486	45.863	46.238	46.612	46.985	47.356	47.726	48.095	48.462
1200	48.828	49.192	49.555	49.916	50.276	50.633	50.990	51.344	51.697	52.049
1300	52.398	52.747	53.093	53.439	53.782	54.125	54.466	54.807	—	—

镍铬-铜镍（康铜）热电偶（E 型）分度表
（参考端温度为 0℃）

t（℃）	0	10	20	30	40	50	60	70	80	90
	热电动势（mV）									
0	0.000	0.591	1.192	1.801	2.419	3.047	3.683	4.329	4.983	5.646
100	6.317	6.996	7.683	8.377	9.078	9.787	10.501	11.222	11.949	12.681
200	13.419	14.161	14.909	15.661	16.417	17.178	17.942	18.710	19.481	20.256
300	21.033	21.814	22.597	23.383	24.171	24.961	25.754	26.549	27.345	28.143
400	28.943	29.744	30.546	31.350	32.155	32.960	33.767	34.574	35.382	36.190
500	36.999	37.808	38.617	39.426	40.236	41.045	41.853	42.662	43.470	44.278
600	45.085	45.891	46.697	47.502	48.306	49.109	49.911	50.713	51.513	52.312
700	53.110	53.907	54.703	55.498	56.291	57.083	57.873	58.663	59.451	60.237

续表

t（℃）	0	10	20	30	40	50	60	70	80	90
	热电动势（mV）									
800	61.022	61.806	62.588	63.368	64.147	64.924	65.700	66.473	67.245	68.015
900	68.783	69.549	70.313	71.075	71.835	72.593	73.350	74.104	74.857	75.608
1000	76.358	—	—	—	—	—	—	—	—	—

<h3 align="center">铂铑 10-铂热电偶（S 型）分度表</h3>
<h4 align="center">（参考端温度为 0℃）</h4>

t（℃）	0.00	10.00	20.00	30.00	40.00	50.00	60.00	70.00	80.00	90.00
	热电动势（mV）									
0.00	0.00	0.06	0.11	0.17	0.24	0.30	0.37	0.43	0.50	0.57
100.00	0.65	0.72	0.80	0.87	0.95	1.03	1.11	1.19	1.27	1.35
200.00	1.44	1.53	1.61	1.70	1.79	1.87	1.96	2.05	2.14	2.23
300.00	2.32	2.41	2.51	2.60	2.69	2.79	2.88	2.97	3.07	3.16
400.00	3.26	3.36	3.45	3.55	3.65	3.74	3.84	3.94	4.04	4.14
500.00	4.23	4.33	4.43	4.53	4.63	4.73	4.83	4.93	5.03	5.14
600.00	5.24	5.34	5.44	5.54	5.65	5.75	5.86	5.96	6.06	6.17
700.00	6.27	6.38	6.49	6.59	6.70	6.81	6.91	7.02	7.13	7.24
800.00	7.35	7.55	7.59	7.67	7.78	7.89	8.00	8.11	8.23	8.34
900.00	8.45	8.56	8.67	8.79	8.90	9.01	9.13	9.24	9.36	9.47
1000.00	9.59	9.70	9.82	9.93	10.05	10.17	10.28	10.40	10.52	10.64
1100.00	10.75	10.87	10.99	11.11	11.23	11.35	11.47	11.59	11.71	11.83
1200.00	11.95	12.07	12.12	12.31	12.43	12.55	12.67	12.79	12.91	13.03

<h3 align="center">铂铑 30-铂铑 6 热电偶（B 型）分度表</h3>
<h4 align="center">（参考端温度为 0℃）</h4>

t（℃）	0	10	20	30	40	50	60	70	80	90
	热电动势（mV）									
0	−0.000	−0.002	−0.003	0.002	0.000	0.002	0.006	0.11	0.017	0.025
100	0.033	0.043	0.053	0.065	0.078	0.092	0.107	0.123	0.140	0.159
200	0.178	0.199	0.220	0.243	0.266	0.291	0.317	0.344	0.372	0.401
300	0.431	0.462	0.494	0.527	0.516	0.596	0.632	0.669	0.707	0.746
400	0.786	0.827	0.870	0.913	0.957	1.002	1.048	?1.095	1.143	1.192
500	1.241	1.292	1.344	1.397	1.450	1.505	1.560	1.617	1.674	1.732
600	1.791	1.851	1.912	1.974	2.036	2.100	2.164	2.230	2.296	2.363
700	2.430	2.499	2.569	2.639	2.710	2.782	2.855	2.928	3.003	3.078
800	3.154	3.231	3.308	3.387	3.466	3.546	2.626	3.708	3.790	3.873
900	3.957	4.041	4.126	4.212	4.298	4.386	4.474	4.562	4.652	4.742
1000	4.833	4.924	5.016	5.109	5.202	5.2997	5.391	5.487	5.583	5.680
1100	5.777	5.875	5.973	6.073	6.172	6.273	6.374	6.475	6.577	6.680
1200	6.783	6.887	6.991	7.096	7.202	7.038	7.414	7.521	7.628	7.736

t（℃）	0	10	20	30	40	50	60	70	80	90
	热电动势（mV）									
1300	7.845	7.953	8.063	8.172	8.283	8.393	8.504	8.616	8.727	8.839
1400	8.952	9.065	9.178	9.291	9.405	9.519	9.634	9.748	9.863	9.979
1500	10.094	10.210	10.325	10.441	10.588	10.674	10.790	10.907	11.024	11.141
1600	11.257	11.374	11.491	11.608	11.725	11.842	11.959	12.076	12.193	12.310
1700	12.426	12.543	12.659	12.776	12.892	13.008	13.124	13.239	13.354	13.470
1800	13.585	13.699	13.814	—	—	—	—	—	—	—

铂铑 13-铂热电偶（R 型）分度表

（参考端温度为 0℃）

t（℃）	0	10	20	30	40	50	60	70	80	90
	热电动势（mV）									
-100						0.226	-0.118	-0.145	-0.100	-0.051
0	0.000	0.054	0.111	0.171	0.232	0.296	0.363	0.431	0.501	0.573
100	0.647	0.723	0.800	0.879	0.959	1.041	1.124	1.208	1.294	1.381
200	1.469	1.558	1.648	1.739	1.831	1.923	2.017	2.112	2.207	2.304
300	2.401	2.498	2.597	2.696	2.796	2.896	2.997	3.009	3.201	3.304
400	3.408	3.512	3.616	3.721	3.827	3.933	4.040	4.147	4.255	4.363
500	4.471	4.580	4.690	4.800	4.910	5.021	5.133	5.245	5.357	5.470
600	5.583	5.697	5.812	5.926	6.041	6.157	6.273	6.390	6.507	6.625
700	6.743	6.861	6.980	7.100	7.220	7.340	7.461	7.583	7.705	7.827
800	7.950	8.073	8.197	8.321	8.446	8.571	8.697	8.823	8.950	9.077
900	9.205	9.333	9.461	9.590	9.720	9.850	9.980	10.111	10.242	10.374
1000	10.506	10.638	10.771	10.905	11.039	11.173	11.307	11.442	11.578	11.714
1100	11.850	11.986	12.123	12.260	12.397	12.535	12.673	12.812	12.950	13.089
1200	13.228	13.367	13.507	13.646	13.786	13.926	14.066	14.207	14.347	14.488
1300	14.629	14.770	14.911	15.052	15.193	15.334	15.475	15.616	15.758	15.899
1400	16.040	16.181	16.323	16.464	16.605	16.746	16.887	17.028	17.169	17.310
1500	17.451	17.591	17.732	17.872	18.012	18.152	18.292	18.431	18.571	18.710
1600	18.849	18.988	19.126	19.264	19.402	19.540	19.677	19.814	19.951	20.087
1700	20.222	20.356	20.488	20.620	20.749	20.877	21.003			

铁-铜镍合金（康铜）热电偶（J 型）分度表

（参考端温度为 0℃）

t（℃）	0	10	20	30	40	50	60	70	80	90
	热电动势（mV）									
-300										-8.095
-200	-7..890	-7.659	-7.403	-7.123	-6.821	-6.500	-6.159	-5.801	-5.426	-5.037
-100	-4.633	-4.215	-3.786	-3.344	-2.893	-2.431	-1.961	-1.482	-0.995	-0.501
0	0.000	0.507	1.019	1.537	2.059	2.585	3.116	3.650	4.187	4.726
100	5.269	5.814	6.360	6.9009	7.459	8.010	8.562	9.115	9.669	10.224

续表

t（℃）	0	10	20	30	40	50	60	70	80	90
	热电动势（mV）									
200	10.779	11.334	11.889	12.445	13.00	13.555	14.110	14.665	15.219	15.773
300	16.327	16.881	17.434	17.986	18.533	19.090	19.642	2.194	20.745	21.297
400	21.848	22.400	22.952	23.504	24.057	24.610	25.164	25.720	26.276	26.834
500	27.393	27.953	28.516	29.080	29.647	30.216	30.788	31.362	31.939	32.519
600	33.102	33.689	34.279	34.873	35.470	36.071	36.675	37.284	37.896	38.512
700	39.132	39.755	40.382	41.012	41.645	42.281	42.919	43.559	44.203	44.848
800	45.494	46.141	46.786	47.431	48.074	48.715	49.353	49.989	50.622	51.251
900	51.877	52.500	53.119	53.735	54.347	54.956	55.561	56.164	56.763	57.360
1000	57.953	58.545	59.134	59.721	60.307	60.890	61.473	62.054	62.634	63.214
1100	63.792	64.370	64.948	65.525	66.102	66.679	67.255	67.831	68.406	68.980
1200	69.553									

镍铬硅-镍硅热电偶（N 型）分度表
（参考端温度为 0℃）

t（℃）	0	10	20	30	40	50	60	70	80	90
	热电动势（mV）									
−300				−4.345	−4.336	−4.313	−4.277	−4.226	−4.162	−4.083
−200	−3.990	−3.884	−3.766	−3.634	−3.491	−3.336	−3.171	−2.994	−2.808	2.612
−100	−2.407	−2.193	−1.972	−1.744	1.509	−1.269	−1.023	−0.772	−0.518	−0.260
0	0.000	0.261	0.525	0.793	1.065	1.340	1.619	1.902	2.189	2.480
100	2.774	3.072	3.374	3.680	3.989	4.302	4.618	4.937	5.259	5.585
200	5.913	6.245	6.579	6.916	7.255	7.597	7.941	8.288	8.637	8.988
300	9.341	9.696	10.054	10.413	10.774	11.136	11.501	11.867	12.234	12.603
400	12.974	13.346	13.719	14.094	14.469	14.846	15.225	15.604	15.984	13.366
500	16.748	171.13	17.515	17.900	18.286	18.672	19.059	19.447	19.835	20.224
600	20.613	21.003	21.393	21.784	22.175	22.566	22.958	23.350	23.742	24.134
700	24.527	24.919	25.312	25.705	26.098	26.491	26.883	27.276	27.669	28.062
800	28.455	28.847	29.239	29.632	30.024	30.416	30.807	31.199	31.590	31.981
900	32.371	32.761	33.151	33.541	33.930	34.319	34.707	35.095	35.482	35.869
1000	36.256	36.641	37.027	37.411	37.795	38.179	38.562	38.944	39.326	39.706
1100	40.087	40.466	40.845	41.223	41.600	41.976	42.352	42.727	43.101	43.474
1200	43.846	44.218	44.588	44.958	45.326	45.694	46.060	46.425	46.789	47.152
1300	47.513									

反侵权盗版声明

电子工业出版社依法对本作品享有专有出版权。任何未经权利人书面许可，复制、销售或通过信息网络传播本作品的行为；歪曲、篡改、剽窃本作品的行为，均违反《中华人民共和国著作权法》，其行为人应承担相应的民事责任和行政责任，构成犯罪的，将被依法追究刑事责任。

为了维护市场秩序，保护权利人的合法权益，我社将依法查处和打击侵权盗版的单位和个人。欢迎社会各界人士积极举报侵权盗版行为，本社将奖励举报有功人员，并保证举报人的信息不被泄露。

举报电话：（010）88254396；（010）88258888

传　　真：（010）88254397

E-mail：　dbqq@phei.com.cn

通信地址：北京市万寿路 173 信箱

　　　　　电子工业出版社总编办公室

邮　　编：100036

传感器电路制作与调试
项目教程（第3版）
（工作页）

主 编 ◎ 王 迪 吕国策

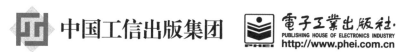 

中国工信出版集团 电子工业出版社·

PUBLISHING HOUSE OF ELECTRONICS INDUSTRY
http://www.phei.com.cn

前 言

　　为了使读者更好地掌握传感器在企业中的应用，编者为教材配备了一本工作手册。本工作手册参考了化工类企业、电子产品维修类企业、轨道列车生产类企业的维护检修规程。通过本工作手册希望读者对传感器的理解能够上升到一个新的高度，也希望这本工作手册能够带领我们从理论到实践、从课堂到企业。

编　者

目 录

工作页一 压力表的维护与检修
（力传感器）

项目名称		压力表的维护与检修（力传感器）	
班　级		小组成员	
学　号		实训场地	
指导教师		成　绩	

工具设备：请读者准备一个压力表（找到其铭牌，并仔细阅读，查询铭牌上的信息）

完成时间：90 分钟

工作内容：

任务一：请根据仪表上的铭牌信息填空

主要技术指标
（1）分度范围：＿＿＿＿＿＿
（2）精度等级：＿＿＿＿＿＿
（3）接点工作电压：＿＿＿＿＿＿
（4）使用环境：温度：＿＿＿＿＿＿　　　　相对湿度：＿＿＿＿＿＿
（5）工作条件：＿＿＿＿＿＿
（6）不灵敏度：＿＿＿＿＿＿

任务二：压力表检查校验

1. 外观检查
压力表的各部件装配是否牢固，是否有影响测量性能的锈蚀、裂纹、孔洞等缺陷。

是□　否□

铭牌标志及铅封是否齐全完好。　　　　　　　　　　　　　　　　是□　否□

2. 零位示值检查
有零值限止钉的压力表，且其指针是否紧靠在限止钉上。　　　　是□　否□
无零值限止钉的压力表，且其指针是否在零值分度线上。　　　　是□　否□

3. 示值检测
压力表指针的移动是否在全分度范围内且平稳。　　　　　　　　是□　否□
压力表指针的移动是否有跳动或卡住现象。　　　　　　　　　　是□　否□
在轻敲压力表表壳时，其指针变动量是否超过最大允许基本误差的1/2。

是□　否□

4. 绝缘检查
用 500V 直流兆欧表检测传感器接线端子与表壳间的绝缘电阻，该绝缘电阻值是否大于20MΩ。   是□ 否□

5. 校验步骤

（1）按校验装置示意图配接管线。

（2）用拨针器将两个接点设定指针分别拨到上限及下限以外，然后进行示值校验。

（3）示值校验中，记录各校验点上标准压力表与被校压力表的指示刻度值。当压力升至满量程，停留5min时，观察压力表指示有无下降（有无渗漏）现象。

（4）当被校压力表超过允许误差时，应进行调整，对于线性误差，可重定指针位置，对于非线性误差，可调整扇形齿轮支撑板，并重定指针位置。

（5）示值校验，校验点不得少于5点。

（6）示值校验后，进行接点信号误差校验，将上限或下限的设定指针分别定于三个以上不同的调校点上，这三点应在测量范围的 20%～80%选定。缓慢地升压或降压，直至接点动作发出信号的瞬时为止，标准器的读数与信号指针示值间的误差不得超过最大允许基本误差绝对值的 1.5 倍，此项调校结束后应进行不少于三次的复现性检查，每次检查的结果均应符合规定指标的要求。调校后应重复检查仪表指针的示值是否仍在允许误差范围内，且不受调校点设定的影响。

请大家根据以上内容在下面方框内自行设计并绘制校验步骤的框图。

```




```

任务三：使用、检查和维护

1. 请大家根据自己掌握的常识思考一下电接压力表的使用注意事项并回答如下问题

（1）使用范围是什么（电压、负荷）？

（2）仪表安装前应仔细核对的信息有哪些？

（3）正常使用时，开启仪表接线盒或调整给定值范围的注意事项有哪些？

（4）正常使用时，有哪些校验要求？

2. 在线检查和维护

请大家根据自己所学知识填写下表。

检查内容	检查方法
渗漏检查	
密封检查	
接线检查	
清洁检查	

任务四：检修

（1）检修前的检查（见本工作页中任务二压力表检查校验）。

（2）检修前的校验（见本工作页中任务二压力表检查校验）。

（3）请在下方空白处填写修理（参考教材绪论中传感器保养与维修）内容。

_____

_____

_____

_____

_____

（4）请在下方空白处填写检修后校验的内容。

_____

_____

_____

_____

_____

（5）检修记录。

检修结束后需填写检修记录，包括记录故障情况、更换零部件、修理技术措施、调校数据及计算结果，检修人员签名并存档。

（6）检修后封印。

工作页二 温度仪
（热电偶传感器）

项目名称	温度仪（热电偶传感器）		
班　级		小组成员	
学　号		实训场地	
指导教师		成　绩	

工具设备：请读者准备一个温度仪

完成时间：90分钟

工作内容：

任务一：温度仪检查校验

1. 外观检查

热电偶的热接点是否焊接牢固，表面光滑、无气孔，且无明显的缺损及裂纹。

是□　否□

2. 热电特性检查

焊点直径是否不超过热电偶丝直径的两倍。 是□　否□

对于使用中的热电偶应定期检查其热电特性，检查周期一般为三到五年，重要的及特殊的使用场合，按实际需要定期检查。 是□　否□

3. 保护套管检查

保护套管一般四至五年检查一次，对于安装在腐蚀及磨损严重部位的保护套管，停止工作期间均进行检查。 是□　否□

使用 2.5MPa 以下的保护管，是否能承受 1.5 倍的工作压力且无渗漏。 是□　否□

用于高压容器的热电偶保护套管，使用前是否经探伤或拍片检查达到二级合格标准。

是□　否□

4. 校验步骤

（1）按校验装置示意图配接管线。

（2）将标准热电偶置于不锈钢柱的中心孔内，而被校热电偶分布在其周围的小孔内，以取得均匀的温度场。不锈钢柱应置于电炉的中心，炉孔的两端用石棉或玻璃棉封住。铂铑—铂热电偶应用一端封闭的石英管或瓷管做保护，以免铂铑—铂热电偶被污染变质而降低精度。

（3）冷端恒温槽中应放适量的冰水混合物，各热电偶冷端应集中成束插入恒温槽中心的玻璃试管中，伸入水中部分不小于 100mm，同时用 0.1 或 0.2 分度的水银温度计观察冷端温度。

（4）恒温从 300℃ 开始校验，直到最高工作温度为止。校验点必须包括常用工作温度，至少校验三点，若使用温度在300℃以下时，应增加一个100℃检定点。

（5）当电炉温度达到校验点，温度在±3℃范围内任意温度稳定时，可以开始测量热电动势。首先测量标准热电偶，然后测量被校验热电偶，需要时再重测。相邻两次测量时要求温度变化值≤0.3℃。记录这两次测量值，按升温、降温测定，共为四个测量值，只取其平均值为最后结果。

（6）冷端温度为非零摄氏度时，同时应读取冷端温度 t_0' 用于校正。

请大家根据以上内容在下面方框内自行设计并绘制校验步骤的框图。

任务二：使用

请大家根据自己掌握的常识思考一下普通温度仪在使用时的注意事项并回答如下问题。

（1）热电偶的保护套管如何选材？

（2）热电偶安装注意事项有哪些？

（3）补偿导线如何使用？

（4）热电偶首次使用时应注意什么？

任务三：检修

（1）热电偶的保护套管如有损坏，可按原结构要求进行修理或更换。

（2）廉价金属热电偶若工作端损坏时，可将损坏的工作端剪掉一段，重新焊接后使用，也可以将热电偶的工作端和自由端对调焊接使用，若中间断裂损坏严重的热电偶则必须更换。

（3）请在下方空白处填写修理（参考教材绪论中传感器保养与维修）内容。

_____

_____

_____

_____

_____

（4）请在下方空白处填写检修后需校验的内容。

_____

_____

_____

_____

_____

（5）检修记录。

检修结束后需填写检修记录，包括记录故障情况、更换零部件、修理技术措施、调校数据及计算结果，检修人员签名并存档。

（6）检修后封印。

工作页三 流量计
（电磁传感器、涡流传感器、超声波传感器）

项目名称	流量计（电磁传感器、涡流传感器、超声波传感器）		
班　级		小组成员	
学　号		实训场地	
指导教师		成　绩	

工具设备：请读者准备一个流量计（电磁式、涡流式、超声波式；找到其铭牌，并仔细阅读，查询铭牌上的信息）

完成时间：90分钟

工作内容：

任务一：请根据仪表上的铭牌信息填空

（1）测量精度：＿＿＿＿＿＿

（2）流速范围：＿＿＿＿＿＿

（3）通径范围：＿＿＿＿＿＿

（4）流体电导率：＿＿＿＿＿＿

（5）输出信号：＿＿＿＿＿＿

（6）环境温度：＿＿＿＿＿＿

（7）电源电压：DC＿＿＿＿＿＿　　　　　　AC：＿＿＿＿＿＿

任务二：流量计检查校验

1. 外观检查

流量计安装是否符合规定要求，流量计壳体上的箭头方向是否与流体流向相符，接线是否正确牢靠。　　　　　　　　　　　　　　　　　　　　　　　是□　否□

仪表的密封点是否有泄漏，上、下游直管段的长度是否符合要求。　　是□　否□

仪表的零位，是否按制造厂规定的调整方法进行调零。调零前要注意测量管完全注满液体，并使液体完全处于静止状态。　　　　　　　　　　　　　　　是□　否□

2. 安装检查（以电磁式流量计为例）

（1）环境：避免安装在有较强的交、直流磁场或有剧烈震动的场所。环境温度、湿度应符合制造厂的规定。整体化流量计水平安装使用在高温、热辐射的场合，转换部分朝下安装，防止转换器的线路板过热。

（2）核实：测量范围、耐温、耐压值和防腐性能是否与所测介质相符。

（3）安装方向：流量计安装在垂直管道上，流体方向自下而上，以保证流量计导管内充满被测液体或不致产生气泡，确保测量精度。

（4）气泡场合：对使用在易产生气泡的场合，需在流量计前安装放气孔。

（5）安装口径：工艺管道和流量计口径不一致时，流量计两端应安装渐缩管，渐缩管的圆锥角应不大于15°。

（6）流量调节阀：避免流速分布对测量的影响，流量调节阀应设置在流量计的下游。流量计上游有一定的直管段长度；对于90°弯头、三通、扩大管或全开截止阀，直管段长度$L=10D$，下游直管无严格要求，一般有2～3D即可。

3. 标定

流量计标定周期为1～3年或一个装置运转周期。仪表在进行标定时无论被测介质种类如何，都可用水作介质，不必用实际流体进行实流标定。流量计应在流量上限值70%～100%范围内，至少运行5min后方可进行正式示值标定。标定的方法一般可采用容积法。在稳定流量下，用试验介质通过被校流量计，当输出为模拟信号时，测得注满标准容器的体积V和所需的时间t，求得实际流量，与被校仪表的指示值相比较，即可算出仪表误差；当输出为脉冲信号时，测得一定容积内被检仪表输出的脉冲数，再计算仪表系数、流量计的基本误差和重复性。标定装置的误差不应超过被检流量计基本误差限的1/2。

4. 校验步骤

（1）仪表使用前的检查。

核实流量计的测量范围、耐温、耐压值是否与被测流体相符；若测量腐蚀性物质，应注意流量计的材质是否符合要求。

分体式流量计还应检查传感器和转换器型号、编号，确认必须配套。

（2）按校验装置示意图配接管线。检查流量计安装是否符合规定要求，流量计壳体上的箭头方向是否与流体流向相符，接线是否正确牢靠。仪表的密封点是否有泄漏，上、下游直管段的长度是否符合要求。

（3）检查仪表的零位，并按制造厂规定的调整方法进行调零。调零前要注意测量管完全注满液体，并使液体完全处于静止状态。检查传感器接地是否可靠，传感器应有良好的单独接地线，接地电阻小于10Ω。检查被测介质的电导率是否在规定范围内。

分体式流量计还应检查传感器与转换器之间的电缆线是否超过规定长度。

（4）仪表的投运：打开流量计的前后阀门，关闭旁路阀门，使仪表投入运行。运行中，仪表各参数不得随意改变。应注意不能在流量计内产生负压。

（5）仪表显示出现异常，查找原因时，主要从工艺管道中流体的状态、介质性质和周围环境、干扰对测量的影响；传感器故障对测量的影响和转换器故障对测量的影响以下三方面分析检查。

请大家根据以上内容在下面方框内自行设计并绘制校验步骤的框图：

任务三：使用

请大家根据自己掌握的常识思考一下电磁式流量计的使用注意事项并回答如下问题。

（1）流量的测量精度是多少？

（2）当流量计指示与实际流量不一致，可能出现什么情况？

（3）流量计在安装时需要注意哪些问题？

（4）仪表显示出现异常，查找原因时，可以从哪些方面来分析、检查？

任务四：检修

（1）电磁流量计在拆装和检修时，应注意防止传感器衬里层损坏。同时应注意仔细清除传感器内壁衬里和电极上的结垢。

（2）当发现传感器电极渗漏、激磁绕组与外壳绝缘不好或衬里损坏，不能可靠地修复时，应予以更换，更换后需要重新对流量计标定。

（3）在传感器内部充满液体的情况下，检查电极、各绕组对传感器外壳的绝缘电阻，应符合制造厂规定（一般绝缘电阻大于 50MΩ，转换器任一接线端的接地电阻应超过10MΩ）。

（4）请在下方空白处填写修理（参考教材绪论中传感器保养与维修）内容。

_____

_____

_____

_____

_____

（5）请在下方空白处填写检修后校验的内容。

_____

_____

_____

_____

_____

（6）检修记录。

检修结束后需填写检修记录，记录故障情况、更换零部件、修理技术措施、调校数据及计算结果、检修人员签名、存档。

（7）检修后封印。

工作页四 红外分析仪
（红外传感器）

项目名称		红外分析仪（红外传感器）	
班　级		小组成员	
学　号		实训场地	
指导教师		成　绩	

工具设备：红外分析仪（建议选取 ABB Advance Optima Uras14）

完成时间：90分钟

工作内容：

任务一：请根据仪表上的铭牌信息填空

（1）电源：检测器为_____V DC

处理器为_____V AC 或_____V AC

（2）线性误差：_____FS

（3）重复性：_____FS

（4）环境温度：_____℃

（5）预热时间：_____（带温度调节装置）

_____（不带温度调节装置）

（6）入口样品条件：入口温度：样品露点温度要比环境温度低_____℃

入口压力：_____kPa

入口流量：_____L/h

任务二：ABB Advance Optima Uras14 红外分析仪检查校验

1. 外观检查

红外分析仪各部件装配是否牢固，是否有影响测量性能的缺陷。　是□　否□

红外分析仪分析模块主要包括光源、样品室、带前置放大器的薄膜电容器。

是□　否□

红外分析仪分析模块中光源由辐射源和同步电机带动的切光片组成。　是□　否□

红外分析仪分析模块中样品室为长型管状结构，通过隔片分成测量室和参比室。

是□　否□

红外分析仪中央处理单元主要由电源模块、CPU模块、输入/输出模块、接口模块、显示与控制模块等部分组成。　是□　否□

2. 光路平衡调整

光路平衡调节是实现两光束的辐射能量尽量相等，减小测量端与参比端之间光路的不对称性，提高红外分析仪的分析准确性。光路平衡调整的过程如下。

（1）打开零点气供气阀。

（2）打开分析模块的密封盖。

（3）根据菜单路径：菜单—维护/测试—分析仪特别调整—光路调整，选择光路调整功能。

（4）选择所要测量的样品组分。

（5）用螺丝刀调整光路调整螺丝，使显示器的读数达到最小值。若显示器读数大于1000，则进行下一步；若显示器读数远远小于1000，则进行第（10）步。

（6）松开两个光源安装螺丝。

（7）用专用扳手转动粗调光源调整旋钮，直到显示器的读数变到最小值（最小值可能大于1000）。

（8）拧紧光源安装螺丝。

（9）重复（5）～（8）的步骤直到显示器的示值达到最小值。

（10）关上分析仪的密封盖。

若没有更换光源，则完成所有测量组分的零点与量程校验；若更换光源，则需要完成所有测量组分的相位调整。

3. 相位调整

相位调整的目的是使测量和参比两方面的红外光被切光片遮挡及通过的时间相同，即暴露和遮挡红外光束的面积相等，实现相位同步。相位调整的要求是当仪表通入零气样的情况下（一般是 N_2 气体），输出信号最小。相位调整是电气调整，无需打开分析仪外盖；分析仪的每一个检测器都必须进行相应的相位调整。相位调整的过程如下。

（1）根据菜单路径：菜单—维护/测试—分析仪特别调整—相位调整，选择相位调整功能。

（2）选择被测组分。

（3）打开零点气供气阀。

（4）当显示器读数稳定时，启动相位调整功能。

（5）根据分析仪具体情况进行相应调整。若分析仪配备校验室，则继续通入零点气；若分析仪没有配备校验室，则打开量程气供气阀。

（6）读数稳定时，重新启动相位调整功能。并重复（2）～（6）的步骤。

分析仪所分析的所有组分完成相应的零点气与量程气校验。

4. 零点气与量程气校验

分析仪的校验有三种方式：自动校验、手动校验、远程控制校验，一般情况通常采用手动校验方式。手动校验方式的过程如下。

（1）根据菜单路径：Menu—Calibrate—Manual Calibration。

（2）选择所要校验的组分及其相应的测量范围。

（3）零点气检验：选择"Zero Gas"，通入零点气，待读数稳定后，按"Enter"键启动零点气检验，按"Enter"键确认校验结果。如需重新检测按"Repeat"键执行，按"Reject"键取消校验结果。

（4）量程气检验：选择"Span Gas"，通入量程气，按"Enter"键后，利用面板上的数字改变量程气浓度值，待读数稳定后，按"Enter"键启动量程气校验，再按"Enter"

键确认校验结果。如需重新检测按"Repeat"键执行，按"Reject"键取消校验结果。

请大家根据以上内容在下面方框内绘制光路平衡调整校验步骤的框图：

任务三：使用

请大家根据自己掌握的常识思考一下红外分析仪的使用注意事项并回答如下问题。

（1）红外分析仪的电源使用电压是多少？

_____

_____

_____

（2）ABB Advance Optima Uras14 红外分析仪主要的组成部分？各部分的主要部件有哪些？

_____

_____

_____

_____

（3）正常使用时对红外分析仪的光路平衡调整过程？

_____

_____

_____

（4）红外分析仪在进行相位调整时需要注意什么？

_____

_____

_____

任务四：检修

（1）红外分析仪若出现温度故障，主要的故障原因如下。

① 加热块连接错误。解决办法：检查连线和插头或检查绝缘座上的密封垫。

② 温度传感器故障。解决办法：检查温度传感器的连线。

（2）红外分析仪若出现读数不稳定的故障，主要的故障原因如下。

① 仪器振动过大。解决办法：尽量减少仪器振动

② 样品气泄漏。解决办法：检查分析仪气路和取样管线是否存在泄漏。

③ 灵敏度降低。解决办法：指示值<75%实际值，检测器不久后需更换；指示值<50%实际值，马上更换检测器。

④ 光路不平衡。解决办法：移开光源，检查同步电动机的转动是否平稳。

（3）请在下方空白处填写修理（参考教材绪论中传感器保养与维修）内容。

_____

_____

_____

_____

（4）请在下方空白处填写检修后校验的内容

_____

_____

_____

_____

（5）检修记录。

检修结束后需填写检修记录，记录故障情况、更换零部件、修理技术措施、调校数据及计算结果、检修人员签名、存档。

（6）检修后封印。

工作页五　轨道列车加速度传感器装调（加速度传感器）

项目名称	轨道列车加速度传感器装调（加速度传感器）		
班　　级		小组成员	
学　　号		实训场地	
指导教师		成　　绩	
工具设备：请读者准备一个加速度传感器（建议选取 LG 速度传感器）			
完成时间：90 分钟			
工作内容：			

　　加速度传感器主要由质量块、阻尼器、弹性元件、敏感元件和适调电路等元器件组成，是一种能够测量加速度的传感器。加速度传感器在加速测量中，其原理主要是对质量块所受惯性力的测量，利用牛顿第二定律获得加速度值。根据传感器敏感元件的不同，常见的加速度传感器包括电容式、电感式、应变式、压阻式、压电式等。压电式加速度传感器在灵敏度方面跟其他形式的传感器相比，具有较高的共振频率，因此多数加速度传感器是根据压电效应的原理来工作的，按其结构主要有以下三种。

类型	特点
压缩型	机械强度高、共振灵敏度高
剪切型	热噪声小、基座张力灵敏度小
挠曲型	低频范围有较高的灵敏度、可制作小巧轻便的传感器

任务一：对加速度传感器检测时，相关防护用品、工具、材料的熟悉

1. 保护用品

绝缘手套	绝缘鞋	安全帽

2. 所需工艺装备

序号	名称
1	一字螺丝刀
2	手电筒
3	笔记本电脑
4	一套棘轮扳手
5	零调线
6	防松笔

3. 使用的物料

无。

4. 工作环境要求

（1）温度范围：没有特殊要求。

（2）相对湿度：没有特殊要求。

（3）车辆状态：静止停稳状态。

任务二：加速度传感器检查校验

1. 外观检查

加速度传感器防护胶皮是否有破损。　　　　　　　　　　　是□　否□

传感器外观有无破损，防松标记是否合格。　　　　　　　　是□　否□

紧固件是否齐全，紧固件是否紧固。　　　　　　　　　　　是□　否□

防松标记是否错位。　　　　　　　　　　　　　　　　　　是□　否□

2. 防护胶皮检查

防护胶皮破裂是否小于 20mm。　　　　　　　　　　　　　是□　否□

应对防护胶皮破裂时的措施是否正确。若防护胶皮破裂小于 20mm 时，则可以运行使用，并做好记录便于下次重点检查。若大于 20mm 时，则需要更换传感器，并做好相应记录。　　　　　　　　　　　　　　　　　　　　　　　　是□　否□

在更换防护胶皮过程中是否将新传感器插头的 B 面胶圈去除。

　　　　　　　　　　　　　　　　　　　　　　　　　　　是□　否□

3. 检测工具的选择

外观检查加速度传感器时，主要采用的工具是棘轮扳手、一字螺丝刀和手电筒，是否正确。　　　　　　　　　　　　　　　　　　　　　　　　　　是□　否□

检查紧固件紧固情况时，主要采用的工具是棘轮扳手、一字螺丝刀、防松笔和手电筒，是否正确。　　　　　　　　　　　　　　　　　　　　　是□　否□

4. 加速度传感器数据测试（以 LG 速度传感器数据测试为例）

操作	结果	位置	完成情况
1. 笔记本电脑中制动软件***连接 BCU 2. 在服务终端软件界面 I/O 通道 BMB 中检查信号：AS（转向架 1 横向加速度电信号）、AS（转向架 2 的横向加速度电信号	输出信号值 1.＿ 2.＿	A01	☐
	输出信号值 1.＿ 2.＿	T01	☐
	输出信号值 1.＿ 2.＿	E05	☐
	输出信号值 1.＿ 2.＿	C06	☐
	输出信号值 1.＿ 2.＿	FC04	☐
	输出信号值 1.＿ 2.＿	FV07	☐
	输出信号值 1.＿ 2.＿	E05	☐
	输出信号值 1.＿ 2.＿	TC07	☐
	输出信号值 1.＿ 2.＿	TQ08	☐
	输出信号值 1.＿ 2.＿	E09	☐
	输出信号值 1.＿ 2.＿	AC01	☐
	输出信号值 1.＿ 2.＿	AQ08	☐
	输出信号值 1.＿ 2.＿	TC01	☐
	输出信号值 1.＿ 2.＿	TR04	☐
	输出信号值 1.＿ 2.＿	TC04	☐
实验人员		实验日期	

5. 校验步骤

（1）仪表使用前的检查。

检查加速度传感器有无破损，防松标记是否合格。检查紧固件紧固情况。加速度传感器在测试物体的安装表面或接触面是否良好固定。

（2）按校验装置示意图配接管线。

检查防护胶皮有无破损，若防护胶皮破裂小于 20mm 时，则可以正常运行使用，但需要做好记录便于下次重点检查；若防护胶皮破裂大于 20mm 时，需要更换传感器，并做好相应记录。注意在更换过程中应将新传感器插头 B 面胶圈去除。

（3）加速度传感器的自然频率由粘接的耦合程度决定，在加速度传感器的粘接过程中，粘接剂的使用量对在加速度传感器能否达到良好的频率响应中起关键的作用。在安装传感器之前要用碳氢化合溶液来清洁其要安装的表面，将粘接剂均匀地涂抹在加速度传感器的被粘接面，不能太厚或太薄，合适的厚度会起到良好的粘接效果。加速度传感器在粘接安装中常用的粘接剂，一般有氰基丙烯酸盐、磁铁、双面胶带、石蜡和热粘接剂等。同时在粘接中还需要考虑加速度传感器的重量，测试时的频率和带宽，测试时的振幅和温度；正弦曲线的受限和测试中出现的随机振动等情况。

（4）利用笔记本电脑通过软件 I/O 界面检测通道 BMB 中的信号：AS1（转向架 1 的横向加速度电信号）、AS2（转向架 2 的横向加速度电信号）。

请大家根据以上内容在下面方框内自行设计并绘制校验步骤的框图：

任务三：使用、检查和维护

请大家根据自己掌握的常识思考一下加速度传感器的使用注意事项并回答如下问题。

（1）仪表使用前需要检查哪些内容？

（2）加速度传感器防护胶皮的安装检查需要注意事项？

（3）粘接加速度传感器时，通常使用的粘接剂有哪些？

（4）加速度传感器在粘接过程中的注意事项？

任务四：检修

（1）加速度传感器防护胶皮破裂大于 20mm 时，需要更换传感器，并做好相应记录。

（2）加速度传感器测量精度不准确的主要原因如下。

①在使用过程中超出加速度传感器的额定加速度。

②加速度传感器在测试物体的安装表面或接触面没有良好固定。

③加速度传感器在粘接过程中，粘接剂过量；粘接操作不规范。

④加速度传感器使用环境不符合，请勿在有水或油的环境中使用传感器。

（3）请在下方空白处填写修理（参考教材绪论中传感器保养与维修）内容。

_____

_____

_____

_____

（4）请在下方空白处填写检修后校验的内容

_____

_____

_____

_____

_____

（5）检修记录。

检修结束后需填写检修记录，记录故障情况、更换零部件、修理技术措施、调校数据及计算结果、检修人员签名、存档。

（6）检修后封印。

工作页六 智能家居防盗报警系统

项目名称	智能家居防盗报警系统		
班　　级		小组成员	
学　　号		实训场地	
指导教师		成　　绩	

智能家居

　　工具设备：请在老师的带领下到智能家居实训室（如无条件，请查找网络相关信息或观看本工作页对应视频）

完成时间：90 分钟

工作内容：

　　任务一：请根据视频信息（或你所在学校智能家居实训室信息）填空

主要技术指标如下。

（1）智能家居中最基本的控制模块是_____。

（2）智能家电控制系统就是将微处理器、_____、网络通信技术引入家电设备后形成的家电产品。

（3）智能插座与智能家居主机通过_____连接，进行远程控制。

（4）智能家居中所用到的传感器一般供电电压为_____V。

（5）门磁/窗磁由两部分组成，分别为_____和_____。

（6）人体发射的_____μm 左右的红外线通过菲涅尔滤光片增强后聚集到红外感应源上。

　　任务二：智能家居防盗报警系统检查校验

1. 检查

　　安装在房间内外的红外探测器、门磁等，是否可以探测到任何非法入侵，发出警告，并连动开启相应灯光或电器。　　　　　　　　　　　　　　　是□　　否□

　　按一下随身携带的遥控器，系统是否能自动拨打用户的手机。

　　　　　　　　　　　　　　　　　　　　　　　　　　　　　　是□　　否□

　　在探测到有危险气体的时候是否会向系统发出信号，系统自动通过网络向用户发送短信。　　　　　　　　　　　　　　　　　　　　　　　是□　　否□

　　是否可以通过网络监控家中的情况，并控制家中的安防系统的开启或关闭。

　　　　　　　　　　　　　　　　　　　　　　　　　　　　　　是□　　否□

2. 校验

（1）校验屏幕中实时显示、操作内容和工作状态是否正常。

（2）校验各个防区能否充分满足有线探测器和无线探测器的各种接入方式。

（3）检验各个防区的异地监听、双向通话功能是否正常。远距离侦测现场，分析警情，防止误报出警。

（4）对防盗、防劫、防火、防煤气、对讲、求助、家居智能控制等进行注意验证。

（5）检验录入语音留言，并在本地或异地通过电话提取语音留言功能是否正常。

（6）如果选装有线联动接口升级模块，则校验报警时，同时启动摄相机、录音机，并能远距离操作灯光照明和家电音响功能是否正常。

（7）校验分防区语音报警、电话报警、判断警情功能是否正常。

（8）查看历史记录储存情况，最近 50 条事件永不丢失，便于随时查询和警情处理。

（9）校验快捷键盘和电话键盘。

请大家根据以上内容在下面方框内绘制检查校验步骤的框图：

任务三：使用

请大家根据自己掌握的常识思考一下智能家居防盗报警系统使用注意事项并回答如下问题。

（1）智能家居防盗报警系统的供电电压是多少伏，对哪类气体有检测作用？

（2）智能家居防盗报警系统一般具备哪些功能？

（3）智能家居防盗报警系统有哪些特点？

（4）智能家居防盗报警系统中的开关、插座有哪些种类？

任务四：检修

（1）智能家居防盗报警系统检查校验时的注意事项。

① 对于整体报警系统，原则上不允许带电检修，需要更换或拆卸时，应停电后进行。

② 定期检查校验各项传感器部分、声光报警装置及网络部分的技术指标是否符合要求，检验周期为一年或一个装置检修周期

③ 防盗报警系统在运行中应保持传感器元件表面清洁，网络通畅。

（2）智能家居报警系统常见故障及其解决办法。

① 供电电源不正确。解决办法：测量电源电压。

② 网络接线松动或网络路由器故障。解决办法：检查路由器及接线状况。

③ 相应防区的传感器故障。解决办法：更换相应传感器。

④ 声光报警装置故障。解决办法：测量报警装置供电电压及基本参数。

（3）请在下方空白处填写修理（参考教材绪论中传感器保养与维修）内容。

_____

_____

_____

_____

（4）请在下方空白处填写检修后校验的内容

_____

_____

_____

_____

（5）检修记录。

检修结束后需填写检修记录，记录故障情况、更换零部件、修理技术措施、调校数据及计算结果、检修人员签名、存档。

（6）检修后封印。

几种常见记录表

差压（压力）变送器校准记录表

校准记录

绝缘电阻：

允许误差：　　　　　　最大误差：　　　　　　允许回差：

最大回差：　　　　　外观：

装置名称_____　　　位　　号_____　　　型号规格_____

准确度_____　　　量　　程_____　　　出厂编号_____

供电电源_____　　　制造厂家_____　　　环境温度　　　　　℃

　　　　　　　　　　　　　　　　　　　　　　　环境湿度　　　　　%RH

校准用标准器具

名　　称	型号规格	测量范围	准　确　度	出　厂　编　号

被检点 ( )	理论输出值 ( )	实际输出值（　　　）						基本误差 ( )	回差 ( )
		第一次		第二次		第三次			
		上行程	下行程	上行程	下行程	上行程	下行程		

校验结论：　　　　　　　　　　校准员：

　　　　　　　　　　　　　　　核验员：

　　　　　　　　　　　　　　　　校准日期：　　　年　　　月　　　日

开关校验记录表

装置名称＿＿＿＿＿＿　　位号＿＿＿＿＿＿　　型号规格＿＿＿＿＿＿

输入信号＿＿＿＿＿＿　　量程＿＿＿＿＿＿　　制造厂家＿＿＿＿＿＿

校验用标准器具

器 具 名 称	型 号 规 格	测 量 范 围	准　确　度	出 厂 编 号

校验记录表

信号类别	设定值	实际值	恢复值	断开电阻	闭合电阻
H					
HH					
L					
LL					

绝缘电阻：

外观：

校验结论：

校　准　员：

核　验　员：

测试日期：　　　年　　　月　　　日

温度变送器校准记录表

装置名称_____   位　　号_____   型号规格_____

输入信号_____   输出信号_____   分 度 号_____

准 确 度_____   量　　程_____   环境温度　　　　℃

供电电压_____   制造厂家_____   环境湿度　　　%RH

校准用的标准器具

器 具 名 称	型 号 规 格	测 量 范 围	准 确 度	出 厂 编 号

校准记录表

输入信号 Ω，mV	0%	25%	50%	75%	100%
输出理想值					
上行程测量结果					
下行程测量结果					
回程误差（%）					
允许基本误差（%）		实测基本误差（%）			
允许回程误差（%）		实测回程误差（%）			

绝缘电阻：

外　　观：

校验结论：　　　　　　　　　　　校准员：

核 验 员：

校验日期：　　　　年　　　月　　　日

液位校准记录表

装置名称_____   位 号_____   型号规格_____

输入信号_____   输出信号_____   供电电压_____

准 确 度_____   量 程_____   制造厂家_____

测试记录表

输入信号					
输出理想值（V）					
上行程测量结果（V）					
下行程测量结果（V）					
回程误差（%）					
允许基本误差（%）		实测基本误差（%）			
允许回程误差（%）		实测回程误差（%）			
测试结论	正常/不正常				

校 准 员：

核 验 员：

测试日期：   年   月   日

传感器

检查作业指导书

文件编号：_____

文件版本：_____

_____有限责任公司 ____年____月____日

传感器检查作业指导书

示意图

变更记录

编号	变更号	描述	发布日期	工序更新
1				
2				
3				
4				
5				
6				

编制批准

	姓名	职务	单位	签名	日期
编制					
会签					
会签					
审核					
批准					

工艺流程

数据检测 → 外观检查 → 检查交出

传感器检查作业指导书

一、目的

用于指导作业人员对 CRH380BL 动车组 LG 速度传感器检查。

二、相关工作人员（要求）

检修人员：机械师 1 人。

检查人员：组长及以上人员。

质检人员：车间质检岗位及以上技术管理人员。

三、相关防护用品、工具、材料等

1. 保护用品

序号	名称	序号	名称	序号	名称

2. 所需工艺装备

序号	名称	序号	名称	序号	名称

3. 使用的物料

无。

四、工作环境要求

* 温度范围：_____　　* 相对湿度：_____　　* 车辆状态：_____

五、工艺过程

1. 外观检查

工序	图片	工作内容	标准	工具	备注
1					

2. 数据测试

操作	结果	位置	完成情况
			☐
			☐
			☐
			☐
			☐
			☐
			☐
			☐
			☐
			☐
			☐
实验人员	以上记录正确且已经截屏保存。	实验日期	

参 考 答 案

工作页一　压力表的维护与检修（力传感器）

1. 请大家根据自己掌握的常识思考一下电接压力表的使用注意事项并回答如下问题。

（1）使用范围是什么（电压、负荷）？

参考答案：仪表允许使用的范围：测量正压，均匀负荷不超过全量程的 3/4，变动负荷不超过全量程的 2/3；测量负压，可用全量程。

（2）仪表安装前仔细核对的信息有哪些？

参考答案：仪表使用前须先仔细核对型号、规格并检查铅封印是否完整无损。如果发现型号、规格不符或铅封受损，应查明原因后更换或重新校验、封印。

（3）正常使用时，开启仪表接线盒或调整给定值范围的注意事项有哪些？

参考答案：正常情况下不允许开启仪表接线盒或调整给定值范围，如果需要，必须在切断电源后进行，以免发生爆炸危险。

（4）正常使用时，校验要求？

参考答案：仪表正常使用情况下，应予以定期校验。

2. 在线检查和维护。

检查内容	检查方法
渗漏检查	检查压力表及导压管是否有渗漏，如有渗漏现象应及时处理
密封检查	密封件"O"形环与密封脂是否老化失效；表盖与接线盒螺纹是否旋紧；"O"形环与密封脂应依据环境状态与开盖次数确定更换周期
接线检查	电线与接线端子压紧，不准将导线头绕接，接线螺纹与螺孔要旋动良好，且紧固力要强
清洁检查	设备与管道保温材料脱落或聚积在传感器或挠性连接管上的物料、灰尘等应及时清除，使仪表在使用过程中保持干净和清洁

工作页二　温度仪（热电偶传感器）

请大家根据自己掌握的常识思考一下普通温度仪的使用注意事项并回答如下问题。

（1）热电偶的保护套管如何选材？

参考答案：按照被测介质的特性及操作条件，选用合适材质、厚度及结构的保护套管和垫片。

（2）热电偶安装注意事项有哪些？

参考答案：热电偶安装的地点、深度、方向、接线应符合测量技术的要求，并便于维修检查。

（3）补偿导线如何使用？

参考答案：在使用热电偶补偿导线时，必须注意型号相配、极性正确，热电偶与补偿导线接头处的环境温度最高不应超过100℃。

（4）热电偶首次使用时应注意什么？

参考答案：热电偶首次使用前，必须经过一定的技术检验，确认合格后方可使用。

工作页三　流量计（电磁传感器、涡流传感器、超声波传感器）

请大家根据自己掌握的常识思考一下电磁流量仪表的使用注意事项并回答如下问题。

（1）流量计得测量精度是多少？

参考答案：±0.5%；±2.5%（与流速有关）

（2）当电磁式流量计指示与实际流量不一致，可能出现什么情况？

参考答案：转换器是否在正常方式；传感器中被测介质是否满管，有无气泡；接地是否良好；零位及量程是否正确等。

（3）电磁式流量仪在安装时需要注意哪些问题？

参考答案：安装环境、核实测量范围、耐温、耐压和防腐性是否与所测截止相符。流量计的安装方法等。

（4）仪表显示出现异常，查找原因时，可以从哪些方面来分析、检查？

参考答案：工艺管道中流体的流动状态、介质性质和周围环境、干扰对测量的影响；传感器故障对测量的影响，如传感器电路方面出现故障；转换器故障对测量的影响。

工作页四　红外分析仪（红外传感器）

请大家根据自己掌握的常识思考一下红外分析仪的使用注意事项并回答如下问题。

（1）红外分析仪的电源使用电压是多少？

参考答案：电源：检测器为 24+5%V DC

处理器为 115V AC 或 230V AC

（2）ABB Advance Optima Uras14 红外分析仪主要的组成部分？各部分的主要部件有哪些？

参考答案：ABB Advance Optima Uras14 红外分析仪由分析模块和中央处理单元（可带一个分析器）两部分组成。分析模块主要包括光源、样品室、带前置放大器的薄膜电容器。中央处理单元主要由电源模块、CPU 模块、输入/输出模块、接口模块、显示与控制模块等部分组成。

（3）正常使用时对红外分析仪的光路平衡调整过程？

参考答案：光路平衡调整的过程主要为：①打开零点气供气阀。②打开分析模块的密封盖。③根据菜单路径：菜单—维护/测试—分析仪特别调整—光路调整，选择光路调整功能。④选择所要测量的样品组分。⑤用螺丝刀调整光路调整螺丝，使显示器的读数达到最小值。若显示器读数大于 1000，则进行下一步；若显示器读数远远小于 1000，则进行第⑩步。⑥松开两个光源安装螺丝。⑦用专用扳手转动粗调光源调整旋钮，直到显示器的读数变到最小值（最小值可能大于 1000）。⑧拧紧光源安装螺丝。⑨重复⑤～⑧的步骤直到显示器的示值达到最小值。⑩关上分析仪的密封盖。

（4）红外分析仪在进行相位调整时需要注意什么？

参考答案：相位调整是电气调整，无需打开分析仪外盖；分析仪的每一个检测器都必须进行相应的相位调整。更换光源时，需要完成所有测量组的相位调整。

工作页五　轨道列车加速度传感器装调（加速度传感器）

请大家根据自己掌握的常识思考一下加速度传感器的使用注意事项并回答如下问题。

（1）仪表使用前需要检查哪些内容？

参考答案：检查加速度传感器有无破损，防松标记是否合格。检查紧固件紧固情况。加速度传感器在测试物体的安装表面或接触面是否良好固定。

（2）加速度传感器防护胶皮的安装检查需要注意事项？

参考答案：检查防护胶皮有无破损，若防护胶皮破裂小于 20mm 时可以正常运行使用，但需要做好记录便于下次重点检查；若防护胶皮破裂大于 20mm 时，需要更换传感器，并做好相应记录。注意在更换过程中应将新传感器插头 B 面胶圈去除。

（3）粘结加速度传感器时，通常使用的粘接剂有哪些？

参考答案：加速度传感器在粘接安装中常用的粘接剂，一般有氰基丙烯酸盐、磁铁、双面胶带、石蜡和热粘接剂等。

（4）加速度传感器在粘接过程中的注意事项？

参考答案：①在安装加速度传感器之前要用碳氢化合溶液来清洁其要安装的表面，再将粘接剂均匀地涂抹在加速度传感器的被粘接面，不能太厚或太薄，合适的厚度会起到良好的粘接效果。②注意安装过程中热粘接剂的凝固时间。③粘接安装时需要注意的是在接近最大极限温度时最好不要用粘接剂，应该延迟一段时间再使用，否则会使粘接剂本身被损坏，导致粘接剂抗拉强度降低。

仪表正常使用情况下，应予以定期校验。

工作页六　智能家居防盗报警系统

请大家根据自己掌握的常识思考一下智能家居防盗报警系统的使用注意事项并回答如下问题。

（1）智能家居防盗报警系统的供电电压是多少伏，对哪类气体有检测作用？

参考答案：供电电压为交流 220V，检测气体为可燃性气体

（2）智能家居防盗报警系统一般具备哪些功能？

参考答案：①防盗功能：安装在房间内外的红外探测器、门磁等，可以探测到任何非法入侵，发出警告，联动开启相应灯光或电器，对小偷起到震慑作用；并同时向用户发送短信及拨打用户事先预设的电话报警。②紧急求助：当老人或小孩独自在家发生了意外或需要帮助时，只要按一下随身携带的遥控器，系统会自动拔打用户的手机，以便于用户尽快采取帮助措施，一键在手，安全无忧。③防火防煤气泄漏：安装在室内的无线烟感、气感在探测到有危险信息的时候会向系统发出信号，系统自动通过网络给用户发送短信，并拨打用户预设的电话号码，可以最大限度地保全用户的财产不受损失。④控制方便：无须起身，开门、关灯，只要轻轻一按遥控器就可立刻开启或关闭灯光，大大地方便了用户的日常生活。⑤科技时尚：通过网络可以监控家中的情况，并控制家中的安防系统的开启或关闭；通过电话远程控制家中的安防系统及灯光的开启及关闭。

（3）智能家居防盗报警系统有哪些特点？

参考答案：安装方便、操作简单、技术先进、功能强大、扩展性强、经济实惠。

（4）智能家居防盗报警系统中的开关、插座有哪些种类？

参考答案：单线制数码遥控开关、86 型数码遥控调光开关、暗装式数码遥控调光开关、暗装式单路数码遥控开关、暗装式三段数码遥控开关、双回路 5 位数码遥控开关、86 型 3 位灯饰遥控开关、86 型数码遥控插座，以及移动式多用数码遥控插座。

封底目录格式说明：（书号）书名，例如"（24767）单片机技术及应用"，表示《单片机技术及应用》的书号是24767。

ISBN 978-7-121-38043-3

9 787121 380433 >

责任编辑：蒲 玥
责任美编：孙焱津

定价：38.00 元
（含工作页）